# 一路向前

DISC+活出洒脱人生

程不困　陈韵棋　李海峰◆主编

華中科技大学出版社
http://www.hustp.com
中国·武汉

图书在版编目(CIP)数据

一路向前:活出洒脱人生/程不困,陈韵棋,李海峰主编.—武汉:华中科技大学出版社,2022.7

ISBN 978-7-5680-8411-6

Ⅰ.①一… Ⅱ.①程… ②陈… ③李… Ⅲ.①成功心理-通俗读物 Ⅳ.①B848.4-49

中国版本图书馆 CIP 数据核字(2022)第 097965 号

一路向前:活出洒脱人生
Yilu Xiangqian:Huochu Satuo Rensheng

程不困 陈韵棋 李海峰 主编

策划编辑:沈 柳
责任编辑:康 艳
封面设计:琥珀视觉
责任校对:李 弋
责任监印:朱 玢
出版发行:华中科技大学出版社(中国·武汉) 电话:(027)81321913
武汉市东湖新技术开发区华工科技园 邮编:430223
录 排:武汉蓝色匠心图文设计有限公司
印 刷:湖北新华印务有限公司
开 本:710mm×1000mm 1/16
印 张:18
字 数:268 千字
版 次:2022 年 7 月第 1 版第 1 次印刷
定 价:49.80 元

对于很多人来说，只有见过足够多的人生样本，才能对自己的理想生活拥有足够丰富的想象力。

摆在你面前的这本书，其内容来自31位DISC授权讲师。截至目前，DISC+社群已经培养了5000多位认证讲师。我们在书里附上了这31位授权讲师的微信号，你可以直接和这些文章的作者联系，也可以通过他们认识更多的DISC授权讲师。

DISC是一个提升人际敏感度的工具。本书为你提供了这31位DISC授权讲师的DISC测评报告和简析，你不仅可以看他们的文章，还可以根据报告更好地了解他们。你还可以利用书中免费提供的测评链接自行测评，比对这31位DISC授权讲师，思考自己的发展之路。

本书是DISC+社群的第14本毕业生合集。前13本毕业生合集的内容以“用好DISC”为核心，诸如DISC在员工管理、领导力发展、时间管理、个人品牌等方面的效用。本书以“活出DISC”为主旨，内容围绕运用DISC的人如何活出精彩人生而展开。在我们看来，DISC固然重要，但是人比DISC

更重要。

如果你对 DISC 感兴趣，可参考书中的 DISC 理论解说和随书附赠的 120 分钟的 DISC 空中课堂视频进行了解。我希望每个人都能看到自己的可能性并有意识地训练自己，靠自己的能力而不是运气获得幸福、快乐和成功。

看好书，遇贵人。我常说我们要做自己的贵人，遇到自己的贵人，努力做别人的贵人，激发更多的人做彼此的贵人。我希望本书能激发更多贵人，希望本书的作者成为更多人的贵人，希望翻看本书的你做好自己的贵人、遇到自己的贵人。

本书能出版，要感谢程不困收集资料、润色文字，感谢陈韵棋无私分享前 13 本毕业生合集的统筹经验，感谢韩磊的测评简析，感谢猫书帮助同学们挖掘故事，更要感谢每一位作者的倾力投入，还要特别感谢华中科技大学出版社的鼎力支持。

李海峰

DISC + 社群联合创始人

2022 年 3 月 21 日

1116万人都在玩的甄有才性格测评，比你更懂你

DISC· 空中课堂
DISC赢得欣赏
DISC 赢得欣赏.内训版
内训版
创业者精神.内训版
DISC 训练营.内训版
DISC 幸福家庭.内训版
DISC 领导力.内训版.管院
DISC 领导力.内训版.核电

DISC· 空中课堂
创业者精神
内训版

DISC· 空中课堂
DISC领导力
内训版

DISC· 空中课堂
DISC训练营
内训版

DISC· 空中课堂
DISC领导力
内训版
FUDAN UNIVERSITY

DISC· 空中课堂
内训版

contents

# DISC 理论解说

本书的理论依据来自美国心理学家威廉·莫尔顿·马斯顿博士在1928年出版的*The Emotion of Normal People*。他在书中提出:情绪是运动意识的一个复杂个体,它由分别代表运动神经本性和运动神经刺激的两种精神粒子传出冲动组成。这两种精神粒子的能量通过联合或对抗形成四个节点,这四个节点是通过以下两个维度来划分的。

一个是,环境于"我"是敌对的还是友好的。如果对方呈现敌对的状态,大多数情况下,"我"更关注任务层面,很少和他人交流个人感受;如果对方呈现友好的状态,"我"常常倾向于先建立良好的人际关系。简单来讲,就是关注事还是关注人。

另一个是,对方比"我"强,还是比"我"弱。如果"我"强,"我"就会用指令的方式,呈现主动出击的状态;如果"我"弱,"我"就会用征询的方式,呈现被动逃避的状态。简单来讲,就是直接(主动)还是间接(被动)。

维度一:关注事/关注人。

换句话来说,就是任务导向,还是人际导向。如果是任务导向,大多谈论的是事情本身,面部表情会比较严肃;如果是人际导向,大多就谈论人,面部表情会比较放松。也可以用温度计作比,关注事的人,温度会比较低一点;关注人的人,温度会比较高一点。

那么在企业里,是关注人好,还是关注事情好呢?如果只关注事情,团队里就不会有凝聚力,企业很难长时间存续;如果只关注人,团队就不会有业绩,企业就不能做大做强。所以,在一个团队里,如果我们不能做到既关注人，又关注事情，那最好是要有关注人的人，也要有关注事情的人，就是要做到“打配合，做组合”。

维度二：直接（主动）/间接（被动）。

换句话来说，主动就是直接，讲话单刀直入，表现出强大的气场、节奏很快、果断、有激情；被动就是间接，讲话委婉含蓄，表现得比较随和、小心谨慎、安静而保守。

究竟是直接好，还是间接好呢？答案是：从他人的角度出发。如果对方是直接的，就用直接的方式；如果对方是间接的，就用间接的方式。与人沟通的时候，用对方喜欢的方式对待他，往往容易得到想要的结果。

根据这两个维度就可以把人大致分为 D、I、S、C 四种特质。

关注事、直接：D 特质。

关注人、直接：I 特质。

关注人、间接：S 特质。

关注事、间接：C 特质。

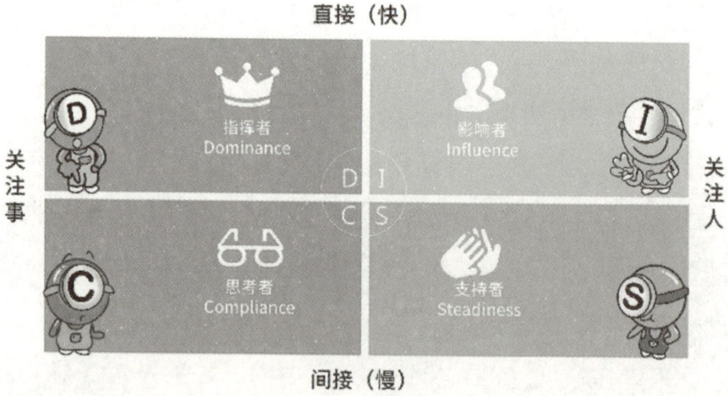

直接（快）

关注事

关注人

指挥者 Dominance

影响者 Influence

思考者 Compliance

支持者 Steadiness

间接（慢）

## D 特质——指挥者

D 是英文 Dominance 的首写字母，单词本义是支配。指挥者目标明确，反应迅速，并且有一种不达目的誓不罢休的斗志。

处世策略：准备……开火……瞄准！

| 注重结果，目标导向 | 高瞻远瞩，目光远大 | 有全局观，抓大放小 | 不畏困难，迎接挑战 |
|---|---|---|---|
| 精力旺盛，永不疲倦 | 意志坚定，越挫越勇 | 工作第一，施压于人 | 强硬严厉，批评性强 |
| 脾气暴躁，缺乏耐心 | 控制欲强，操控他人 | 自我中心，忽略他人 | 不善体谅，毫无包容 |

**处世策略：**准备……开火……瞄准！

**驱动力：**实际的成果。

**特点识别：**

形象——常常穿着干练、代表权威的服饰，比如职业装；因为时间观念很强，喜欢戴大手表；很少佩戴首饰，不太关注头发等细节。

表情——很严肃，甚至严厉，笑容很少；目光犀利，眼神笃定，不怕直视对方。

动作——很有力量，能鼓舞人；说话快，做事快，走路也快。

说话——音量大、高亢，语气坚定、果断。

**面对压力时：**

对抗而不是逃避，会变得更加独断，更加强调控制权，比平时更关注问题；对于那些优柔寡断、行动缓慢的人，尤其没耐心。

**希望别人：**回答直接，拿出成果。

**代表人物：**董明珠。

董明珠是格力董事长、商界女强人，她的霸气众人皆知。曾有同行这样形容她:“她走过的路,寸草不生!”

## I特质——影响者

I是英文Influence的首写字母,单词本义是影响。影响者热爱交际、幽默风趣,可以称作“人来疯”和“自来熟”。

| 善于交际,喜欢交友 | 才思敏捷,善于表达 | 幽默生动,充满乐趣 | 别出心裁,有创造力 |
|---|---|---|---|
| 善于激励,有感染力 | 积极开朗,追求快乐 | 口无遮拦,缺少分寸 | 不切实际,耽于空想 |
| 情绪波动,忽上忽下 | 丢三落四,杂乱粗心 | 缺乏自控,讨厌束缚 | 畏惧压力,不能坚持 |

**处世策略:**准备……瞄准……开火!

**驱动力:**社会认同。

**特点识别:**

形象——喜欢色彩鲜艳的衣服,关注时尚;喜欢层层叠叠的穿衣方式、夸张的佩饰、独特的发型。他们会把自己打扮得光鲜亮丽,吸引他人的眼球。

表情——丰富生动、爱笑。

动作——很多肢体语言,动作很大,比较夸张;喜欢身体接触。

说话——音量大、语调抑扬顿挫、戏剧化。

**面对压力时：**

第一反应是对抗，比如口出恶言，他们试图用自己的情绪和感受来控制局势。有时候给人不舒服的感觉。

**希望别人：**优先考虑、给予声望。

**代表人物：**黄渤。

黄渤幽默风趣，很会调动气氛。在日常演讲和交际中常常面带微笑，非常容易感染别人；他的演技也得到广大观众的认可和喜爱，在娱乐圈，他也拥有好人缘。

## S 特质——支持者

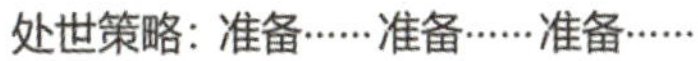

S 是英文 Steadiness 的首写字母，单词本义是稳健。他们喜好和平、迁就他人，凡事以他人为先。

| 善于聆听，极具耐心 | 天性友善，擅长合作 | 化解矛盾，避免冲突 | 关心他人，有同理心 |
|---|---|---|---|
| 镇定自若，处事不惊 | 先人后己，谦让他人 | 惯性思维，拒绝改变 | 迁就他人，压抑自己 |
| 自信匮乏，没有主见 | 行动迟缓，慢慢腾腾 | 害怕冲突，没有原则 | 羞于拒绝，很怕惹祸 |

**处世策略：**准备……准备……准备……

**驱动力：**内在品行。

**特点识别：**

形象——服饰以舒适为主，没有特点就是最大的特点，不想成为焦点。

表情——常常面带微笑，安静和善、含蓄，让人觉得容易亲近。

动作——动作不多，做事慢，习惯不慌不忙。

说话——音量小、温柔，语调比较轻，一般不太主动表达自己的情绪。

**面对压力时：**

犹豫不决。他们最在意的是安全感，害怕失去保障，不愿冒险，更喜欢按部就班地按照既定的程序做事情。

**希望别人：**作出保证，且尽量不改变。

**代表人物：**雷军。

小米的创始人雷军，笑容可掬，很有亲和力。有一次，他去一个新的办公地点，因为没有戴工牌，所以保安不让他进。雷军很有绅士风度地跟那个保安说："我姓雷。"谁知道保安不买账，对他说："我管你姓什么，没有工牌就是不能进。"雷军无奈，只好打电话给公司的行政主管，让主管下来接自己。

## C 特质——思考者

C 是英文 Compliance 的首写字母，单词本义是服从。他们讲究条理、追求卓越，总是希望明天的自己能比今天的自己更好。

| 条分缕析，有条有理 | 关注细节，追求卓越 | 低调内敛，甘居幕后 | 坚韧执着，尽忠职守 |
|---|---|---|---|
| 善于分析，发现问题 | 完美主义，一丝不苟 | 喜好批评，挑剔他人 | 迟疑等待，错失机会 |
| 专注细节，因小失大 | 要求苛刻，压抑紧张 | 死板固执，不会变通 | 忧郁孤僻，情绪负面 |

**处世策略：**准备……瞄准……瞄准……

**驱动力：**把事做好。

**特点识别：**

形象——常常穿着整洁、简单的服饰，很少佩戴首饰，形象专业。

表情——很严肃，甚至严厉，笑容很少；目光犀利，眼神笃定，不怕直视对方。

动作——很有力量，能鼓舞人。

说话——语调平稳，音量不大。

**面对压力时：**

忧虑、钻牛角尖；做决定时，比较谨慎，喜欢三思而后行。

**希望别人：**提供完整详细的资料。

**代表人物：**乔布斯。

乔布斯对于审美有着近乎苛刻的追求，对设计的完美有着变态的挑剔。苹果产品如此受欢迎正是得益于乔布斯的 C 特质。据说，他曾要求一位设计师在设计新型笔记本电脑时，外表不能看到一颗螺丝。

经过 90 年的发展，马斯顿博士提出的 DISC 理论在内涵和外延上都发生了巨大的变化。利用 DISC 行为分析方法，可以了解个体的心理特征、行为风格、沟通方式、激励因素、优势与局限性、潜在能力等等。也可以将 DISC 行为分析方法广泛应用于现代企业对人才的选、用、育、留。

DISC+社群联合创始人、知名培训师和性格分析标杆人物李海峰老师，深度研究 DISC 近 20 年，并在 2018 年与肖琦和郭强翻译了《常人之情绪》。他提出，学习 DISC 有三个假设前提：

每个人身上都有 D、I、S、C，只是比例不一样而已。所以，每个人的行为和反应会有所不同。

有些人 D 特质比较明显，目标明确、反应迅速；有些人 I 特质比较明显，热爱交际、幽默风趣；有些人 S 特质比较明显，喜好和平、迁就他人；有些人 C 特质比较明显，讲究条理、追求卓越。每个人身上并不是只有一种特质。当我们遇到问题的时候，想一想：凡事必有四种解决方案。

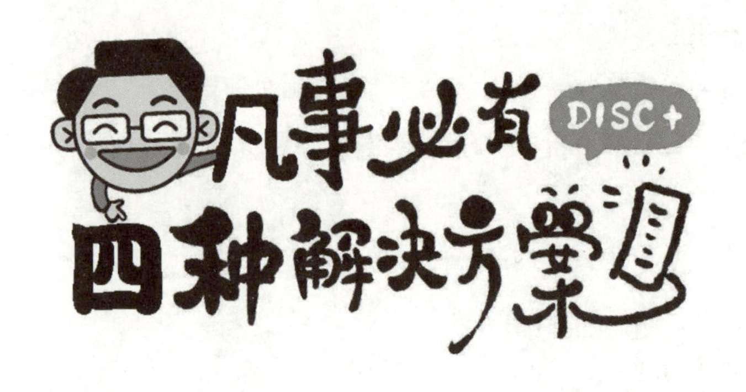


D、I、S、C 四种特质没有好坏对错之分，都是人的特点。用好了就是优点，用错了就是缺点。

有人觉得 D 特质的人太强势，但他们可以给世界带来希望；有人觉得 I 特质的人话太多，但他们可以给世界带来欢乐；有人觉得 S 特质的人太保守，但他们可以给世界带来和平；有人觉得 C 特质的人太挑剔，但他们可以给世界带来智慧。

懂得了这点，我们就有能力把任何缺点变成特点，可以向对方传递“我懂你”的态度，这样可以拉近彼此的距离。

D、I、S、C 可以调整和改变。一个人的行为风格可以调整和改变吗？其实，我们每天都在改变。

当我们不注意的时候，惯用的行为模式就会悄悄显露。比如，在面对 D 特质的老板时，我们可能更多使用 S 特质来回应；在面对不愿意写作业的孩子时，我们可能使用 D 特质来应对。其实在与他人互动的时候，我们的行为已经在调整和改变。重要的不是 D、I、S、C 哪种特质，而是如何使用每

一种特质。

过去我们是谁，不重要；重要的是，未来我们可以成为谁。只要有意识地调整，我们每一个人都可以成为自己想成为的样子。

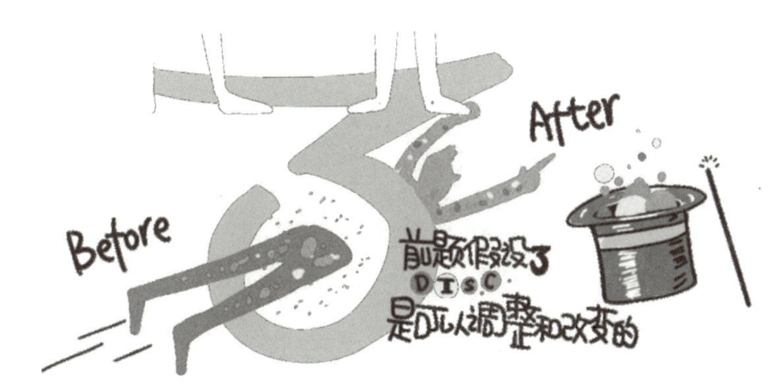


学习 DISC 有三个阶段。

**第一阶段：贴标签**。通过对他人行为的观察，基本可以识别对方哪种特质比较突出。

**第二阶段：撕名牌**。每个人在不同的情境下，有可能呈现不同的特质。

**第三阶段：变形记**。需要的时候，我们可以随时调整自己，呈现当下所需要的特质。遇到事情的时候，也要记得提醒自己：凡事必有四种解决方案。

我们常说：职场如战场。其实这句话有问题。战场上，我们面对的都是敌人；职场上，我们需要学会与人合作。

成熟的职场人士关注两个维度：事情有没有做好，关系有没有变得更好。DISC 就是这样一个可以帮助我们有效提升办事效率、提升人际敏感度的工具，一个值得我们一辈子利用的工具。

# 第一章

# 表达赋能

# 表达赋能篇

1 说出你的故事就现在 作者：程不困

故事，让我们被看见、被照亮

故事，是通往世界的桥梁

你的故事，价值百万

2 内向的人如何突破表达的恐惧

克服恐惧的两把钥匙

做好准备

说出大象

作者：韩磊（三石兄）

3 看视频学演讲

整体策划

内容梳理

视觉设计

演讲表达

作者：王冬强

插图：Anna

4 七步带你搞定激励演讲

确定基调 从主题开始

分析背景 要善用提问

增强说服 用故事包装

设计逻辑 多借鉴工具

幽默表达 应巧用修辞

激励共情 需情绪加持

引导号召 向行动承诺

作者：薛良

5 如何激发演讲者的演讲热情 作者：猫书（张莹）

"三个人"演讲模型

眼前人——过去低迷的自己

身后人——背后代表的人

未来人——未来需要你的人

# 程不困

DISC+授权讲师A10毕业生

演讲写作表达赋能教练

商业故事、案例开发师

当当第八届影响力作家

扫码加好友

程不困 BESTdisc 行为特征分析报告

CSD 型

DISC+社群合集 

报告日期：2022年02月18日

测评用时：05分12秒（建议用时：8分钟）

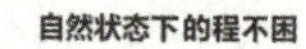

BESTdisc曲线

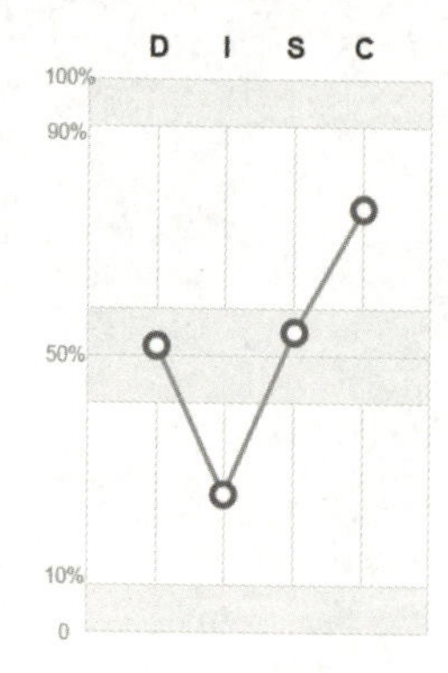


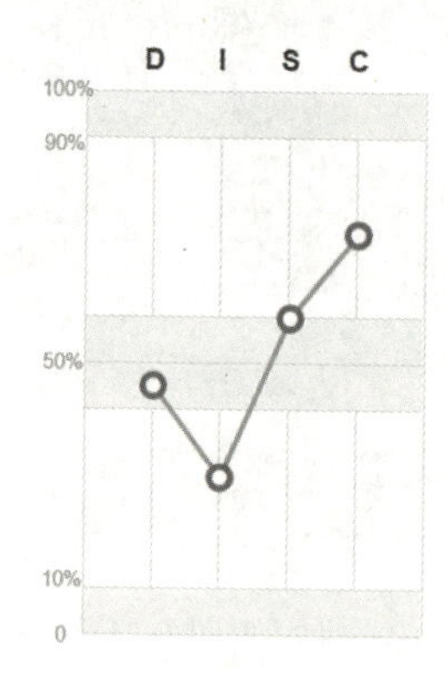


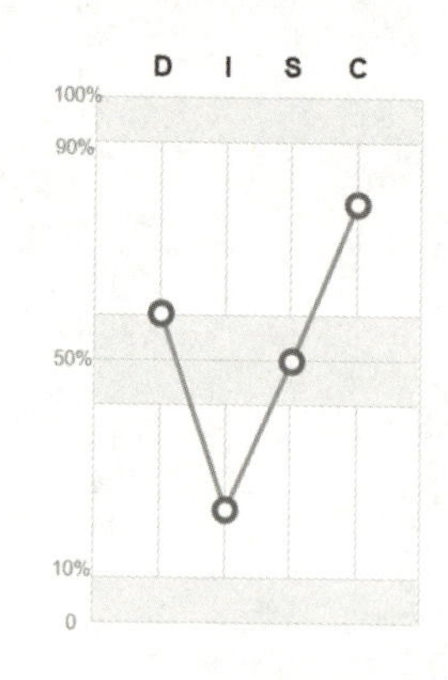


D-Dominance（掌控支配型） I-Influence（社交影响型） S-Steadiness（稳健支持型） C-Compliance（谨慎分析型）

C 值相对较高，表明程不困在工作和生活中，严谨细致、追求完美，习惯于先计划再行动。在工作中，程不困的 S 值有所提升，表明她注重他人的感受，愿意倾听他人的想法和需求。压力下，程不困的 D 值提升，表明在处理紧急重要的事情时，她会以目标为导向，更加果断主动。

## 说出你的故事，就现在

你是否担心讲话没有影响力，别人不想听、听不懂、记不住，很难让陌生人认识你、了解你、信任你……到底怎么办？

其实最好的解决方法都指向——讲个好故事。

大家不妨猜猜看，一个"社恐"的人，从只会在企业内发光发热的 HR、素人培训师，蜕变为有社会影响力的杂志封面人物、畅销书主编、邀约不断的商业故事教练，需要花多长时间？这个梦，我做了 30 年，而做到只用了 4 个月，只因为坚持了一件事——讲故事。

讲故事很难吗？其实不然。如果你害怕讲故事、不知道怎么讲故事，不妨先听听我的故事。

### 故事，让我们被看见、被照亮

很多人不想说、不敢说自己的故事。有人觉得没必要，因为"日久见人心，我是什么人大家慢慢就知道了"；也有人想讲又不敢讲，认为："我知道讲故事很重要，可故事太多了，选不好也讲不好，怎么办？"

当生命时光所剩无几时，人们最迫切的渴望是留下自己的故事，最害怕的不是故事讲得如何，而是没机会说，甚至没人来听。

2021 年 7 月 1 日，那一天，举国同庆党的百岁诞辰，我们单位食堂特地为每位员工准备了一碗生日面，有荷包蛋、红烧大排，看着就觉得香。

可我只能隔着手机看着同事们吃，因为那个时候，我正一个人站在上海瑞金医院住院部护士台前，准备领取“入院通知单”，迎接人生第一次生命大考——肾脏穿刺手术。

说实话，当时真挺害怕的，因为大夫对我说：“穿刺手术有风险，极少数患者会大出血、血压急剧下降，也有术后并发症的可能，不过一般情况下不会造成特别严重的后果。”

如果是你，你的第一反应是告诉自己“没事，大夫吓你呢”，还是心想“别逗了，谁能打包票说我不是那个‘极少数’‘不一般’啊”？我估计大部分人都是后者。

我躺在病床上胡思乱想，我问自己：我真的怕死吗？仔细想想，好像也不是。很多时候，人害怕死亡，怕的不一定是死亡本身，而是生命中还有那么多“来不及”。害怕来不及让爱的人知道我爱他，害怕来不及证明很多事我可以做好，害怕来不及让世界知道我来过，更害怕来不及让别人记住我。

那个时候我才意识到，人生最大的遗憾从来不是做不到，而是“我本可以”；生命的终点也从来不是死亡，而是被遗忘。谁想被遗忘呢？经历过这次住院，我才清楚自己内心的渴望：想被听见，想被看见，想被这个世界记住。

一个人可能很难活到 100 岁，但留在纸上的故事可以传唱 1000 年。为自己发声，让自己发光，找一个载体说出自己的故事，留下自己的印记，这或许是我们可以留给世界的最好的礼物。

出院后我做的第一件事，就是马上联系海峰老师，把我的故事和心愿告诉他，直接说：“海峰老师，我想上封面，我想出书，还想让更多人知道我和我的故事。”

海峰老师大吃一惊:“啊?!你没参与过合集?我一直以为你早参与过了。”这话让我有点惭愧,我不好意思地小声说:“其实,我本来想等自己厉害一点再开始,因为我C特质突出,总觉得自己还没准备好。”

听了我的话,海峰老师推心置腹地提醒:“不要等厉害了才开始,而是开始了才会变得很厉害。如果你愿意,你可以把自己当作主编,机会还在,关键在于你是不是真的想要。”

是啊,没有任何人能阻挡我们发光,除了我们自己。我无比珍视这次机会,我开始写自己践行DISC的心得感悟,开始帮伙伴们磨课、磨稿,开始对接出版社、杂志社,开始在一个个社群主动分享自己的心得,分享我的故事。

在短短4个月的时间里,我完成了2021年《中国培训》杂志第5期封面人物、畅销书《破局:成为有优势的人》联合作者、《爆发:打造核心竞争力》主编、DISC+社群影响力作家、当当第八届影响力作家的五连跳。

因为被听见,所以被看见;因为被看见,所以梦实现。当我大声说出自己的故事、告诉世界“我想要”的那一刻,就已经种下了梦想的种子。

## 故事,是通往世界的桥梁

讲故事是扩大个人品牌影响力的最好方式。说出来的故事就像发给世界的邀请函,慢慢地,社群的伙伴、学员、读者向我寻求帮助:如何打造爆款课程?如何写带货文案?如何竞聘?如何有效沟通?如何高效演讲?

我们都知道,讲100个大道理,不如讲好一个故事。于是,我将故事融入培训和教练,真诚自然地分享我生命中的经验和启示,帮助大家找到改变的内驱力。

为了鼓励大家勇敢表达,我讲自己从“宅女”成为表达教练的故事;为了提醒大家走出舒适区，大胆探索世界，我讲自己持续成长的故事；为了帮助更多山区孩子圆读书梦，我讲自己10年公益助学的故事……

在这个过程中，越来越多的人借由故事看到了我、找到了我、记住了我，故事成为我们通往更宽广世界的桥梁。

作为一名商业故事和案例开发师、演讲写作表达赋能教练，我一路讲着故事，为别人创造价值，感觉到自己的生命好像一点点被拓宽、被滋养；我一路听着故事，从讲自己的故事，到写别人的故事，再到帮助别人讲出自己的故事；我从被他人照亮，到去点亮他人。我自己也慢慢对"如何讲一个好故事，如何讲好一个故事"这件事有了新的认识。

毫无疑问，不管是管理者、销售者，还是推广者，只要想积极影响别人，实现品牌传播、产品变现或者有效沟通，我们都要学会讲故事。

经常有人来问我："要如何讲好属于自己的故事？"

我会带大家重温"英雄之旅"，去发现可能被遗忘的闪光点。"你的目标是什么？""是什么让你开始你的梦想？你还记得那个人、那件事、那个初心吗？""在面对重重阻碍，你依然紧握不放的是什么？为什么？""那些感动过你的、激励过你的、鞭策过你的，才能带给更多人改变和超越的力量。"

在讲过、听过、打磨过那么多故事后，我越发感受到：故事之所以动人，不是因为那些事情、那个选择本身，而是背后一个个鲜活的人，而是那一段段或喜悦、或忧伤、或迷茫的经历，它们都闪烁着人性的光芒。

不管是创业者、企业高管，还是素人培训师、职场新人，每一个前来向我咨询的伙伴口里都说着："程老师，这个故事该讲吗？""这个故事有价值吗？""故事太长了，总怕说不好！"……其实他们说出来的每一个故事都有震撼人心的力量。

我听过中国最贵的精力管理教练华丽转身的故事，感受对方急流勇退再出发的魄力与果敢；听过Sylvia（方方）成为销售冠军和大V的故事，感受她的毅力和坚持；听过理财带给天智老师人到中年的心得感悟，体会什么是稳稳的幸福；听小芳遇见DISC后，家庭发生的蜕变，理解什么是人生的富中之富……

就像鱼在水中，不知道水的重要性一样，人在故事中也常常看不到故事是多么精彩。每个人的人生经历就是一座绚烂的花园，一个个故事就是一朵朵含苞的花朵，等着我们去发现。

## 你的故事，价值百万

慢慢地，我从故事打磨、加工者，真正成为一名商业故事赋能者，借由故事助力个人、企业扩大影响、创造价值。

华为全球行服部前总裁评价我："我觉得你非常有理解力，塑造故事的能力也很强。"中国音乐赋能第一人认可我："你能写出别人写不出的东西。"甚至有人对我说："程老师，你的文案故事我可以包年吗？"

我越来越相信，好的故事教练绝不是严苛的建筑师，对着别人的故事指手画脚，"你这里缺细节""你这一段内容要放在这个位置"，而是有爱的园艺师，需要去发现、去修剪，让每朵故事之花灿烂地盛开。别忘了，决定这座花园面向谁、要如何呈现的始终是经历故事的人。

陪伴而不是替代，挖掘而不是捏造，我对讲故事这件事越来越投入。我坚信，每一次和别人一起梳理故事、打磨故事，都是在对彼此的人生花园进行装点。

在竞聘中，我们采一朵玫瑰，用成功的故事让别人看到不达目标决不放弃的自己；我们配一束腊梅，用失败的故事告诉别人，我们跌倒了，但我们会爬起来，变得更加强大。在路演时，我们用桔梗配大麦，让更多人看到千百次的搏击只为初心的绽放。在销售时，我们献上仙客来，用帮助他人成功的案例，告诉顾客们："你的心声我听到了，你的需求我都懂。"在率众攻坚时，我们捧起一束牡丹，用成功的图景告诉大家，胜利就在眼前。在激励他人时，我们选一束向日葵，告诉对方人生不惧挫折，风雨过后终见彩虹……

面对不同的目标，我们讲述不同的故事；面对不同的群体，我们创造不同的图景。我越来越相信，每个故事都值得讲述，每个人都值得被看见。不必害怕说错，因为真诚地传递生命的喜悦和感动，就是故事的意义所在。

很多时候，我们或许无法把握生命的长度，幸运的是，我们还能在故事中累积生命的厚度。当你感到失望、低落，心灵花园一片荒芜，没有关系，就从这里开始，就从此刻开始，让我陪你选出一粒花种，栽到你的心间，一起守护它，静待它发芽、盛开。

有一天，讲着故事的我们或许会看到这样一幅画面，就从这里开始，就从此刻开始，身边的每个花园都阳光灿烂、繁花似锦，每个人的花海连成一片，无边无际地向远方蔓延，不是春天也胜似春天。那会是我们能想象的最美的未来。

## 韩磊(三石兄)

DISC双证班F69期毕业生

演讲教练

DISC性格解读顾问

企业内训师

扫码加好友

**韩磊（三石兄）BESTdisc** 行为特征分析报告

**ICS 型**

**DISC+社群合集** 

报告日期：2022年02月18日

测评用时：04分43秒（建议用时：8分钟）

**BESTdisc曲线**

自然状态下的韩磊(三石兄)

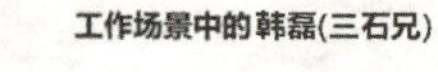


韩磊(三石兄)在压力下的行为变化

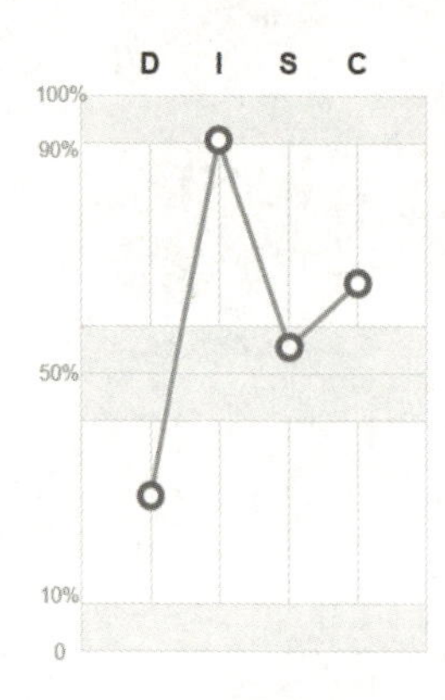


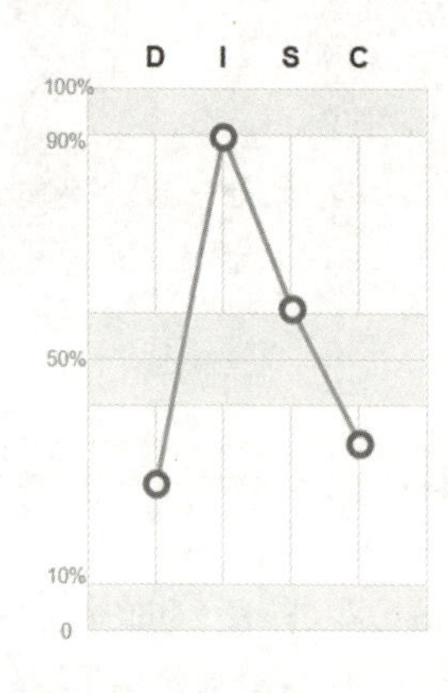


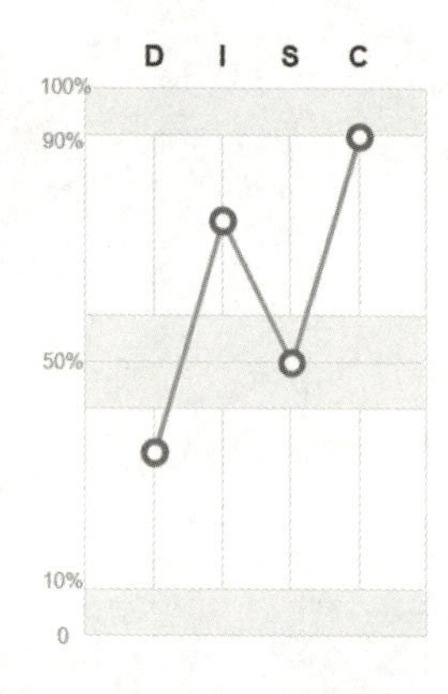


D-Dominance（掌控支配型） I-Influence（社交影响型） S-Steadiness（稳健支持型） C-Compliance(谨慎分析型)

I 值相对较高，表明韩磊在工作和生活中，善于与人沟通、风趣幽默。不同状态下，C 值变动大，表明他能根据工作环境的需要放下苛刻的标准和要求。

## 内向的人，如何突破表达恐惧

你是否明明知道答案，却不敢举手回答问题？你是否明明想到了好点子，却不敢站出来第一个发言，最后被其他人抢先说了类似的方案？你是否明明业绩比竞争者好，却因为演讲紧张，而失去了晋升的机会？

如果你也和我一样，有过类似的情况；如果你恰好，和我一样性格内向；我相信，我的经历也许对你会有所启发。

曾经的我，内向到什么程度呢？上学时，为了尽量避免和班主任碰到，会下一层楼去上厕所。刚毕业工作时，下楼吃饭，看到领导在等电梯，就会默默地等下一趟，要不然就走楼梯，尽量避免与领导有接触。

真正让我突破表达恐惧的是两件事情：辩论和演讲。

### 无意中成为“传说”

《奇葩说》里我最关注的一个选手就是颜如晶，我感觉她和我类似，赛场下是小绵羊，赛场上是只狼。

我第一次参加辩论是在中学的一次班会上，因为要录像，我们进行了一场彩排好的辩论赛。这次辩论赛让我体会到“放纵”表达的快感和肆意反驳的爽感。每一次发言，我感觉所有的辩词像决堤的洪水争着从嘴里涌出来。

但辩论的表达，永远都是被动的。很长一段时间，我参加辩论赛的目的，并不是比赛，而是把它当成一个有规则的吵架场所，把平时压抑的情绪，通过这种方式都释放出来。在我看来，辩论并不能帮助我进行自我表达。

直到上大学的时候，我参加了一个讲师培训班，才开始对演讲产生兴趣。我参加完培训后，正好看到学校有演讲选修课，就果断报了名。因为表现突出，我还被老师选为每次上课的主持人，可以说这个结果令我喜忧参半，喜的是被老师重视，忧的是我成了唯一不能逃课的人。也正是因为这样，更多不同院系的同学认识了我。好几次，在其他选修课上，都有同学问我：“你就是传说中的韩磊吗？”就这样，我莫名其妙地成为别人嘴里的“传说”。

那时我还没有意识到，演讲其实是内向的人最好的沟通武器，也是突破表达恐惧最好的武器。

## 内向人的被动沟通神器

回顾我的个人职业生涯，我发现自己以前都是依靠被动沟通获得机会的。被动沟通，就是因为你擅长的能力，恰恰是其他人需要的，不需要你主动说，别人就会来找你。比如，我因为 PPT 做得好，领导让我给他做工作总结的 PPT，后来我又为公司讲师做 PPT，最后很多同事都来请我帮忙优化和美化年终总结 PPT。在这个过程中，我逐渐和同事熟悉起来。内向的人，最难的是主动迈出第一步，我恰恰歪打正着，擅长的正好是别人需要的，所以不需要我主动说什么，其他人就会主动与我沟通。

后来，我发现，更有效的被动沟通方式就是演讲。可能你会认为，工作中并没有太多演讲的机会。实际上，每一次自我介绍、每一次公司会议、每一次年终总结，这些都需要演讲。在职场中，每一次当众讲话，都可以算是一场演讲。

俗话说“方向不对，努力白费”，很多时候内向的人无法突破表达的恐惧，可能是方法用错了。

首先，内向并不是缺点，只是一种思维模式。心理学家卡尔·荣格说，内向者往往是被内心世界的想法和感受所吸引，而外向者则倾向于关注外部的生活和活动。如果用 DISC 理论来说，内向的人的行为模式是先思考、再行动。

其次，内向的人更适合循序渐进，不适合速成方法。

最后，内向的人应该用自己觉得舒服的方式演讲，没必要学习标准化的演讲模式。

对于内向的人来说，他们从来不缺少演讲的内容与构思，因为内向的人本身就是先思考再行动。

内向的人害怕演讲往往是因为紧张。我培训过上百名学员，经统计后，我发现学员们希望提升的演讲能力中，排在第一的居然不是表达能力，而是克服演讲紧张。

## 减少演讲紧张的两把钥匙

减少演讲紧张的两把钥匙就是做好准备和说出大象。

## 第一把钥匙——做好准备

我听过很多学员的演讲，包括述职汇报和年终总结。问学员们是否提前准备过，大部分人都说准备过。但是我继续追问发现，所谓的准备只是对着PPT，讲过几遍，其实那不是真正的准备。我说的准备，是做减少紧张感的准备。

内向的人，其紧张往往来自陌生感。陌生感，主要是来自对内容和环境的陌生。

克服对内容的陌生感，应对策略就是准备好演讲稿，然后把内容熟悉到倒背如流的程度。这说起来很简单，真正能做到的人并不多。我在培训过程中，发现有些人确实准备了逐字稿，但是脱离了稿件和PPT，就不会讲了。只有在正式演讲前做到没有PPT也能讲的程度，才能真正有效地减少紧张感，否则一到正式汇报时，就不自觉地讲很多口头语，把"然后呢""所以呢"挂在嘴边。

刻意背稿，也会让听的人感觉生硬，所以，可以用语音转文字的方式准备演讲稿。

具体方法如下：

第一步，录语音稿。

第二步，语音转文字。

第三步，整理文稿。

第四步，熟练背稿。

语音转文字可以防止书面语造成的生硬感，还能提高成稿效率。这里还是要强调一下，背稿的目的是减少紧张感。熟悉之后，可以从准备逐字稿，变成准备演讲大纲，这样可以增加演讲的灵活性。

之后，还需要带听众彩排，就像《春晚》有彩排一样，我们要把自己的每一次演讲当成《春晚》，带听众彩排。

听众可以是自己熟悉的同事或家人，排练几次后，可以选择相对不太熟悉的同事做听众。这样，可以测试出演讲的真实效果，也有利于把演讲稿修改得更通俗生动。

当然,最好找一名专业的演讲教练陪练。同事可以给你真实的反馈,但不一定能提出有效的改进建议。一万小时定律的前提是,正确的方法加有效的反馈。错误的方法坚持一万小时,结果反而南辕北辙。如果要参加一个比较重要的演讲,比如公司的竞聘或者面试,找一名专业教练咨询是最聪明的选择。

尽管内容背得再熟,也有可能因为紧张而忘词。这种紧张,是对环境的陌生感导致的。每次演讲前,最好提前到演讲场地熟悉场地的布置,提前调试翻页笔、投影仪等设备,如果条件允许,还应该提前测试走位。

还有一个重要的点就是熟悉与会领导。很多人一见到领导就容易紧张,最好的应对方法就是,准备演讲的时候,找几个人扮演领导,请他们从领导的视角提问。

## 第二把钥匙——说出大象

演讲的时候,紧张到声音颤抖、呼吸困难、语速飞快、怎么办?

以前,我会告诉学员,当你紧张的时候,上台先说一句我很“激动”,而不要强调自己的紧张。后来,学习心理学时,“房间里的大象”改变了我的看法。“房间里的大象”指的是显而易见的问题,大家却都避而不谈。

比如,前面说的紧张到声音颤抖,这时怎么办?

不妨试试说一句:“我紧张到说话都自带变音效果了。”看看听众什么反应。我猜测至少会有一部分听众会心一笑。其实,当你说出那头“房间里的大象”时,你自己和听众都放下了心中的包袱。这个技巧,也是脱口秀演员和相声演员经常使用的方法,抛出了一个包袱,结果没有人笑,有的人会说“刚才是一个包袱,结果你们没有笑,现在我觉得自己很可笑”。往往说出这句话后,听众就跟着笑了起来。

我曾经用这两把钥匙帮助一名大一的学生,从一上台紧张到说不出话来,到一周后可以十分流畅地完成 15 分钟的演讲。希望这两把钥匙也能帮助惧怕演讲的你。

## 演讲最大的误区——过度激情

你是否在公园或地铁里，看到过一个人突然就开始演讲，好像其他人都是空气一样？我曾经接受过这种魔鬼培训。我承认，这种方法可以快速让人不害怕，但是不一定可以让人瞬间自信。很多时候，敢于说出来，是因为周围有其他人，或者是因为迫于老师布置的作业的压力。

这种训练法很容易让演讲者失去听众感。什么是听众感？就是你会与听众对视，你会观察听众此时的表情，然后根据听众的状态，调整你的演讲节奏。

比如，你讲完一个概念，看到听众眉头紧锁，或者若有所思。此时，你要做的是与听众确认，或者重复一下你的内容，而不是按照自己的节奏自说自话。一些经历过魔鬼训练的演讲者，从头到尾慷慨激昂，演讲模式如出一辙，就好像是批量生产的仿真机器人，毫无个性。

内向的人可能更适合娓娓道来、润物细无声的演讲风格。当内向的人带着巨大的抵触和恐惧感去演讲时，听众很难感受到他们的真实情绪，因为这一切都是演出来的。

我之所以以“表达”为题，没有用演讲。就是因为表达的核心是“达”，而不是“表演”。你说了多少、怎么说不重要，听众听进去多少才重要。所以，千万不要在讲台上情绪过度，要始终记得有听众，才有讲台。

## 让你的光芒，被更多人看到

如果你是内向的人，其实更应该多走上讲台。如果你身边有内向的人，请鼓励他走上讲台。内向的人最大的演讲优势就是共情能力强，他们能够快速抓到大部分听众关心的话题。他们缺少的仅仅是一些上台的勇气，还有一些表达方法而已。

演讲本身就是一种能力，而能力都是可以通过学习、练习、辅导培养的。希望我的两把钥匙可以帮助你减少紧张。因为紧张是一种正常的情绪，根本不可能完全消除，我们要做的只是减少紧张。现在每次重要的演讲，我还是会紧张，但这丝毫不影响我的表达。

我期望帮助更多像我一样内向的人，走出对表达的恐惧。我期望你的光芒，被更多人看到。

我是三石兄韩磊，一名性格内向的讲师和演讲教练。来，靠近我，让你的光芒绽放。

# 王冬强

DISC双证班F69期毕业生

DISC+社群联合创始人

企业培训师

演讲教练

扫码加好友

**王冬强 BESTdisc 行为特征分析报告**

**CS 型**

**DISC+社群合集**

报告日期：2022年02月20日
测评用时：08分05秒（建议用时：8分钟）

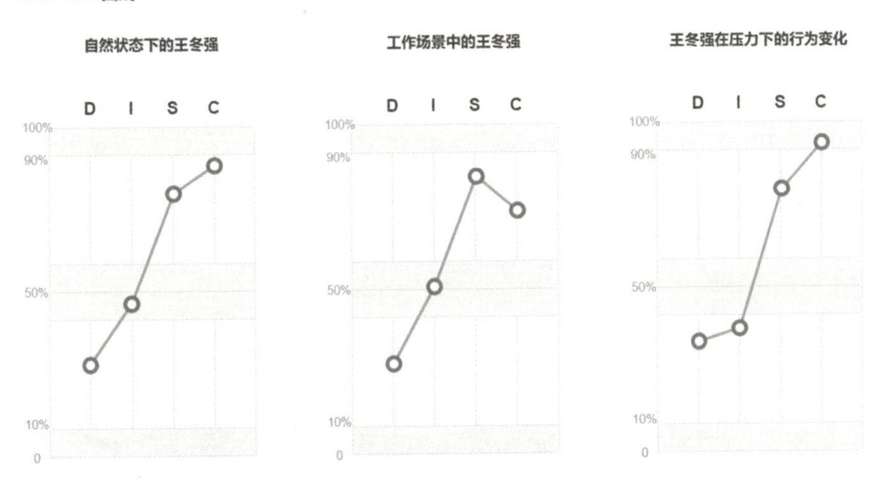


D-Dominance（掌控支配型） I-Influence（社交影响型） S-Steadiness（稳健支持型） C-Compliance（谨慎分析型）

S值、C值比较高，表明王冬强在工作和生活中照顾他人的感受，习惯详细计划和思考后再执行。在压力下C值升高，表明有压力时，他会花更多的时间进行规划，以确保结果准确无误。

## 看视频学演讲

你是否做了充分的准备，写了逐字稿并熟练背诵，在家里对着镜子演练了不下10遍，但刚上讲台就大脑一片空白，面对台下听众，只说了一句“大家好”，就什么也不记得了？

你是否在给客户介绍产品时，总感觉时间不够，讲完之后，客户一脸茫然，不知道你到底要说什么，最后失去了客户？

你是否勤勤恳恳工作，却因年终汇报表现不好而丧失晋升机会？

你是否想在台上尽情发挥演讲能力、金句频出？

其实，你可以看视频学演讲，快速提升演讲能力。我是一名IT企业的培训经理，我通过看视频学演讲的方法，帮助大家印象中不善言辞的程序员，从不敢上台到热爱讲台，再到在讲台充分展现自己的实力。

我们从一个发布会讲起。2007年，初代iPhone手机发布会上乔布斯的演讲，堪称最成功的演讲之一。它的成功源自乔布斯的个人魅力？是因为他表达流畅？是因为金句频出、PPT做得好？还是因为故事讲得好？

应该说所有这些加在一起成就了这次演讲。演讲是一个系统工程，需要把每一项做得恰到好处。

成功演讲包括四个部分：第一部分，整体策划，明确演讲目标，确定整体演讲风格；第二部分，内容梳理，整理演讲内容结构，梳理关键记忆点；第三部分，视觉呈现，将梳理的内容进行呈现；第四部分，演讲表达，通过演讲者的表达能力完成一次演讲。

## 整体策划

一次有效的演讲可能会产生三种积极的结果。第一种是转变了心态。比如，听了今天的分享，你觉得你也能演讲了。第二种是你的听众因为这次演讲有了新的决定。比如，你听了今天的分享，你决定一定要克服障碍去学习演讲。第三种是你的听众采取了行动。比如，你听了我的分享觉得方法比较好，与我取得联系。所以，我们在演讲之前一定要明确你想要达成哪种结果。

判断演讲成功与否的唯一标准是，有没有通过你的演讲达成你想要的结果。我们通过三个问题，来确立通过演讲达成的结果。第一，why？你为什么要做这个演讲？第二，who？听众是谁？第三，what？你希望通过这个演讲，让听众做什么？这个做什么就是你要达成的结果。

### 你为什么要做这个演讲？

最常见的演讲目标共有六种：告知、说服、激励、娱乐、传播、教育，它们的难度依次递增。乔布斯的发布会堪称经典，所以很多企业开发布会都学乔布斯，在场地、视觉效果、时间长度及结构等方面极力模仿，但就是达不到乔布斯的演讲效果，为什么呢？

因为他们以为乔布斯的演讲目标是告知，告知苹果公司的新产品即将发布。但其实乔布斯演讲的目标是教育。他演讲，是为了让这个发布会改变听众的认知，为此他在内容和环节进行了很多设计。

通过初代 iPhone 发布会，乔布斯改变了听众对于智能手机的认知，把“苹果重新发明了电话”这个概念牢牢灌输给了听众。

## 听众是谁？

我在这里所说的听众是一群人。提取听众人群最大公约数，做出人群画像，才能在演讲中，用他们熟悉的语言模式、词汇，激发他们的共鸣。

如何做出人群画像？考虑以下几点：听众的年龄段、教育背景、生活习惯、兴趣爱好、价值观、信仰、关注的热点。

老百姓要的是安全、财富、健康和希望；父母要的是孩子健康成长；创业者，要的是企业的成功路径和方法论。

## 你希望通过这个演讲，让听众做什么？

有个重要提醒：千万别想着“鱼和熊掌兼得”，一旦目标超过一个，等于没有目标。所以，请你将演讲目标归纳、提炼为一句话，反复陈述，达到即便听众忘了所有其他的演讲内容，就是忘不掉这句话的效果。

比如，你一听到“宁教我负天下人，休教天下人负我”，就会想到曹操；一听到“我有一个梦想”，就会想起马丁·路德·金；一听到“工匠精神”，就会想起寿司之神。

# 内容梳理

推荐 GGSS 四步内容梳理法，完成梳理过程。G，goal（目标）；G，got，（听众获得了什么）；S，structure（结构）；S，support（支持）。

目标。一次演讲要有一次清晰的目标，“鱼和熊掌不可兼得”。

获得。从“说者逻辑”切换为“听者逻辑”，即从“我要讲什么？”切换为“我学到了什么？”也就是说，你的演讲要对听众有价值。你说第一句话，是为了让他继续听第二句话；你说第二句话，是为了让他继续听第三句话。

结构。这一步可采用金字塔结构。金字塔的塔尖，是目标，第二层就是获得，而第三层就是证据，也就是支持。

除了金字塔结构，还有时间轴结构，通过规律或趋势预测未来；黄金圈结构，向人们阐述你从事某项事业的动机（愿景）、方法、价值，激发人们的热情。

我们以苹果公司的发布会为例来说明黄金圈结构。苹果公司的发布会围绕着“为什么要有苹果公司？苹果公司如何打破常规？苹果公司到底是什么？”三个问题展开。黄金圈结构适合介绍产品或者项目。为什么要做这个产品（项目）？这个产品（项目）如何帮助、改变他人？这个产品（项目）有什么价值？如果在每个部分中各加入一个故事，那么这将是一场成功的演讲。

支持。支持，就是提供证据、事实，而且是大家公认的证据、事实，可以是伟人名人言论、经典案例、权威新闻和权威数据。

最后将前面准备的内容按照演讲时间进行压缩。一般先把注水的文字压缩掉，如“大概”“一般来说”“话说回来”等；再把“在我看来”“我认为”“我相信”之类的话删掉；最后把意思重复的句子删掉。

## 视觉设计

故事型演讲或者三五分钟致辞、自我介绍、即兴发言，可以不用 PPT，但在正式演讲中，尤其是演讲中涉及观点、数据、分析、比对的内容时，都会用到 PPT。

制作精良的 PPT,可以实现信息可视化,达到化繁为简、变枯燥为有趣的效果。制作演讲 PPT,有哪些技巧呢?

第一,PPT 为演讲服务,不能喧宾夺主。

PPT 是为演讲服务的,如果听众没记住你讲的内容,反而说你的 PPT 做得好,那只能说明你的演讲是失败的。

第二,视频化、图片化设计。

PPT 应尽量呈现视频或图片,因为这样更能吸引听众的注意力。

第三,奥卡姆剃刀原理。

"如无必要,勿增实体",让 PPT 上的每一个句话、每一张图、每一段视频都有存在的意义。参考"五个一"设计原则:一页 PPT 只讲一个知识点,一页 PPT 不超过 30 个字,一页 PPT 文字不超过 3 行,一页 PPT 讲 2～3 分钟,一分钟内翻看的 PPT 不超过一页。

第四,无审美不设计。

页面长宽比能用 16∶9 绝不用 4∶3;整体色调给人舒适感;页面不要太满,要有留白;图片、文字模块、人像位置等秉承对齐原则;配色舒适,页面颜色控制在两种以内,避免相似色,文字与背景色保持强对比;选对字体;图片清晰且与内容相关。

## 演讲表达

怎么做到自如地演讲表达?我的答案是:穿着打扮有亲和力,语言清楚、有节奏、无毛病,体态开放,牢记演讲的核心,真诚地表达。

第一,演讲的核心是"给予"。

演讲的时候保持"送礼物"的心态,通过给予,吸引听众的注意力,使听众产生强烈的情感共鸣，从而放下戒备心理，融入整个演讲过程，甚至变成演讲的一部分。

第二，穿着打扮有特点。

演讲高手的着装有什么玄机？答案很简单：着装越简洁、越有质感，越能让听众觉得你值得信赖。在大多数演讲场合，你要让自己的着装有亲和力。

第三，语言做到“两要，四没有”。

首先，要以听众能听清楚为目标，吐字清晰、语句连贯，要有适当的停顿便于听众处理信息。停顿有两个技巧：每一次连续表达要意思完整；充分发挥标点符号的作用，逗号停顿半秒，句号停顿一秒。

其次，要让听众感觉你的演讲节奏，语速、音量、语气要有适当的变化。

演讲要做到四没有：没有念错字，没有严重口音，没有大量口头禅，没有不恰当的停顿。

第四，体态要开放。

演讲者的体态，有时比语言还重要。演讲者要从站姿、眼神、面部表情和手部动作等肢体语言方面，考虑自己的开放度。

站姿的要求：站直不驼背，站稳不摇晃。很多演讲者在讲台上频繁走动，或者左右摇摆，甚至步伐和手势抖动的频率比语速还快，这将分散听众的注意力。那如何在讲台移动呢？答案是：身体自然移动时，脸对着听众，保持眼神接触。

眼神的要求：直视听众，适当扫视全场，切勿盯着 PPT。演讲者要把听众席分割成数个区域，眼神要在每个区域都有所停留。如果演讲者的眼神飘忽不定，观众大多数情况下会放弃演讲者。谁会喜欢一个从来不正眼瞧自己的人呢？眼神停留在观众身上不宜超过五秒钟，大部分时间，眼神可以停留在相对中间区域，这样可以给自己找到对象感，也能减缓紧张感。

面部表情的要求：微笑和放松。微笑适合任何宏大的开场和收尾。当然，在演讲过程中，表情要随着内容而变化，比如乔布斯演讲时表情大部分时间是放松略带微笑的，但讲到严肃问题时就会有变化。

手部动作的要求：自然，动静结合，表达态度和情绪。手部动作的关键是打开，要扩大自己肢体语言影响半径，千万不要封闭，不要显得很拘束，不要抱胸，不要插口袋，不要把手臂放在背后。

刚上台可启用V形手势，先保持这个手势，随着演讲的深入，双手自然地比画。如果你还是紧张，可以考虑手握话筒或者翻页笔，手握物品会让你更加有安全感，缓解紧张。

通过名人演讲视频，我们可以学到更多演讲技巧、套路，希望你活学活用，说你所信，信你所说，成为一个高效的演讲者。

我是王冬强，让我们一起看视频、学演讲！

# 薛良

DISC双证班F58期毕业生
企业培训经理
青少年、成人演说表达教练
家庭教育指导师

扫码加好友

**薛良 BESTdisc 行为特征分析报告**

**SC 型**

**DISC+社群合集**

报告日期：2022年02月18日

测评用时：06分39秒（建议用时：8分钟）

**BESTdisc曲线**

**自然状态下的薛良**

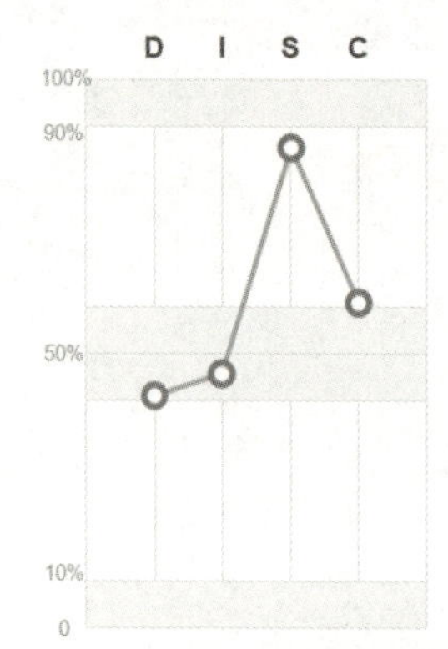


**工作场景中的薛良**

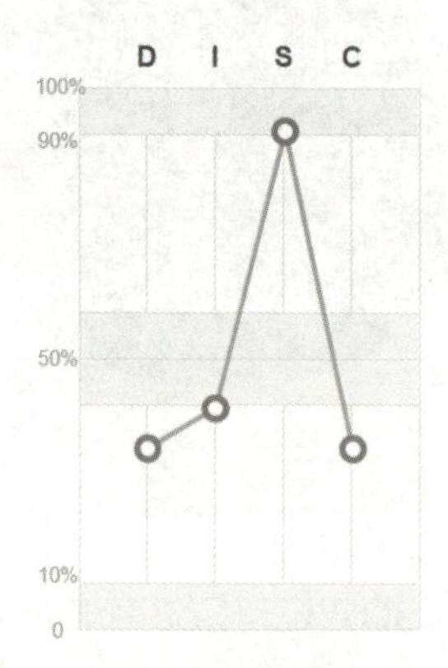


**薛良在压力下的行为变化**

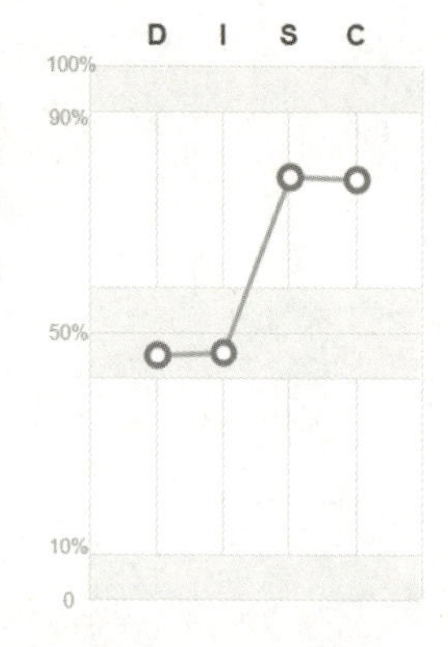


D-Dominance（掌控支配型） I-Influence（社交影响型） S-Steadiness（稳健支持型） C-Compliance（谨慎分析型）

S值相对较高，表明工作和生活中，薛良关注他人的感受和需要，是一个可靠的支持者。压力下C值提升，表明薛良对逻辑和细节有较高要求，遇到紧急事情时，会用更多的时间进行分析和规划，谋定而后动。

# 七步，带你搞定激励演讲

我是薛良，来自美丽的新疆，现居重庆，是一个热爱挑战、坚持初心的教育工作者。

曾经有人问我：你为什么会走上教育这条路？我的答案是“改变”！我从性格内向、自卑少言蜕变成现在的自信大胆、乐观阳光。我从房地产行业商学院负责人，到上市互联网企业的培训管理者，再到演讲表达教练，和企业、他人共同成长。

## 演讲力就是领导力

有管理者问我：“薛老师，如何才能有效激励下属，让下属高效达到工作绩效和考核目标？”我相信，这也是很多管理者想问的问题。

凝聚人心是管理者最重要的工作之一，激励下属是每个管理者必备的管理技能。一切对人的管理，都离不开牵引机制的拉力、竞争淘汰机制的压力、约束机制的控制力和激励机制的推动力。大多数管理者为了快速达到目的，简单粗暴地使用“胡萝卜加大棒”的方式，时间久了、频次多了，最后使激励流于形式。

赫茨伯格双因素理论认为“只有激励因素才能够给人们带来满意感，而保健因素只能消除人们的不满，但不会带来满意感”。激励帮助管理者与下属达成思想的共识和情感的共鸣，触发下属的自我内在成长机制，让下属自动自发地提升自己！除了目标激励、授权激励、竞争激励，还有榜样激励、沟通激励、情感激励和文化激励等。

管理者要善用自己的演讲表达力来凝聚人心、鼓舞士气、激发人性。毛主席以《长征是宣言书，长征是宣传队，长征是播种机》激励红军战士和陕北人民团结一致，共同完成中国革命的伟大使命，开创中国革命新局面。丘吉尔曾以《我们将战斗到底》激励全体英国人民为保家卫国而战、为和平而战！美国黑人民权运动领袖马丁·路德·金以《我有一个梦想》激励千千万万黑人争取自由、摆脱奴役。

每一位管理者、领导者都要想方设法提高演讲水平，树立超凡出众的领导形象，鼓舞或者激励下属。从某种意义上来说，演说力即为领导力。

## 激励演讲是人性的对话

激励是以解决现实问题为出发点的，好的激励演讲一定是正向、积极、发人深思的。激励演讲，小到个体与个体之间的沟通、谈心和鼓励、赞扬，大到个体引发群体思想共鸣的呼吁和宣讲。无论何种激励演讲，都离不开从人性和情感的角度出发进行讲话。

下班后，大家都走了，只有王星还没走，作为管理者，你如何激励一个已经困倦的下属？

“王星还没下班呐？昨天你给我的策划方案写得不错，特别是活动的设置和安排很新颖，这对本次活动呈现效果非常有帮助。最近几个月你的进步非常快，继续努力，加油！但别忘了，身体是革命的本钱，记得早点下班休息！”

一个下属出色地完成了业绩任务，兴高采烈地对领导说：“今天终于和跟了两个月的客户签约了，而且比我预期的单量大一倍，这将是我这个季度最大的销售单子。”领导对那名员工的优秀业绩反应冷淡：“是吗？你今天上班怎么迟到了？”

员工说：“出门路上堵车了。”

“迟到还找理由，都像你这样公司的业务还怎么做！”

员工垂头丧气地回答：“那我今后注意。”说完后，他沮丧地转身离开了。

不用说，短期内这个下属一定会情绪低迷，感觉领导没有在意他的成绩，只在乎他的错误，甚至心怀不满。

鲍勃·纳尔逊在《奖励员工的一千零一种方法》中说：“在恰当的时间，从恰当的人口中，道出一声真诚的谢意，对下属而言比加薪、正式奖励或众多的荣誉证书及勋章更有意义。这样的奖赏之所以有力，部分是因为管理者在第一时间注意到了相关员工取得了成就，并及时地亲自表示嘉奖。”

下属再小的好表现，管理者若能及时给予语言上的认可，都能产生正面的激励作用和效果。其实对于管理者，这样即时的激励并不难。

作为管理者，你的团队执行力比较差，你怎么做激励演讲呢？

6 年前，我在一家公司做培训管理，当时由于市场竞争和投融资影响，全国各分公司都在大面积裁员，我所在的重庆分公司从 200 多人缩减近一半，人心惶惶，团队业绩几乎为零。领导找到我说：“要不买点茶歇，组织个沙龙，让大家敞开心扉交流一下。”但我深知，简单的沙龙无法解决团队当时面临的问题，于是结合自己的经验，与领导沟通后，决定进行一次特殊的激励演讲。

我把大伙带到了酒店，大家席地而坐，提出问题、说出顾虑、自我复盘后，领导开展了一场激励演讲。演讲中，领导通过回顾创业、说明现状、重塑信心、分享感动，用一场近两个小时的激励演讲打消了全体员工的疑虑，解开了全体员工的心结，也找回了全体员工的凝聚力。该季度分公司超额完成了既定的业绩目标。那一次宝贵的经历，让我感觉到自己的价值，也深刻明白了激励演讲对于管理者的重要意义。

## 如何做激励演讲

电视剧《新三国》第27集，曹操凭借"兵不在多，在精！将不在勇，在谋！"激励将士，一举打败袁绍；第43集，赤壁战败后，曹操通过激励演说，稳定军心，鼓舞将士，化解危机。电视剧《芈月传》中，芈月在秦惠文王去世，幼子登基，国内动荡不堪、政权不稳、军心不齐，外患不断之际，通过殿前演讲收服军臣，立威朝野。

但很多职场人士尤其是管理者，都面临这样一个问题——激励演讲的效果不尽如人意，员工把演讲看作"和尚念经"。

究其原因，排除表达的状态和技巧外，大部分都是因为管理者习惯用长篇大论的道理说服员工。管理者应该明白激励演讲的最终目的不是灌输而是唤醒。演讲之前，管理者需要帮助员工分析演讲背景，这样他们才能理解你接下来的演讲的意义和思路；演讲中，管理者要与员工互动，可以适当提问，以启发员工思考，达到唤醒员工的目的。

好的激励演讲应该如何呈现？

### 确定基调，从主题开始

在演讲前，演讲者一定要确定好演讲主题和基调，明确演讲内容是正面的还是负面的？是赞美还是批评？是反思还是倡导？演讲基调是慷慨激昂，还是娓娓道来？是温馨感动，还是深沉凝重？例如当年我为了稳定军心，结合组织内部的文化氛围，定下了“承担责任·感动感恩·渴望光荣”的演讲主题、温馨感动的演讲基调。

## 分析背景，要善用提问

管理者比下属优先拥有知情权，在开讲前，要充分利用知情权，搞清楚事情的发展现状，明确是什么导致了今天这个问题的发生？要解决这个问题应该怎么办？

## 增强说服，用故事包装

人人爱听故事，尤其是认识或者了解的人的故事！无论是做管理，还是做营销，无论是想给团队打气，还是想成交，都需要具备讲故事的能力。想要靠演讲改变他人的信念、行为、思考方式，最好的办法就是讲故事。

那应当选择哪些故事来讲述？简单来说，应该去讲述那些我们感受过、听到过、看到过的故事，例如自己的亲身经历，用自己人生经历中的成功、失败、快乐、痛苦、忧虑、反思……做素材，讲起来不仅轻松，还很真实。另外，看过的影视作品、好文章、新闻趣事也是不错的素材。

## 设计逻辑，多借鉴工具

演讲的效果并不取决于说了多少理论，关键看演讲者能否在最短的时间里，把想说的话表达出来，把道理讲通、讲透。

想在有限的演讲时间里表达清楚，就需要运用结构性思维提前规划演讲的逻辑和框架，把握好主次，以强调演讲的最终目的。常用工具包括5W2H、SCQA、MECE、金字塔工具等，最好用的当属黄金三点论，每个大小主题下面只讲三点。

## 幽默表达，应巧用修辞

在《新三国》中，曹操吃败仗激励下属时，称将者如同医者，说明世上没有百战百胜的将军，只有败而不怠、败而益勇的人，才能最终取得胜利。

在激励演讲中，善用比喻、借代、对比等修辞手法，能让演讲趣味横生，还能调动演讲气氛。

## 激励共情，需注入情绪

激励演讲时，演讲者一定要晓之以理，动之以情，要学会理性与感性相结合。

一些综艺节目中，参赛选手如果才艺尚可，还能分享一个让人共情的故事，基本上都会赢得掌声，评委也会给出一个好分数。激励演讲时，演讲者用自己的真实感受，更容易调动自己的情绪，用情绪去感染员工，最后达到与员工产生共鸣的良好效果。

## 引导号召，向行动承诺

丘吉尔在做《我们将战斗到底》的演讲时，以一连串铿锵有力、气势磅礴的排比句，淋漓酣畅地表达了对胜利的坚定信念，激发了英国民众的爱国热情。演讲者在激励演讲结尾时，也可以运用感情激昂、富于号召力、充满鼓动性的话语，点燃员工的热情，激励他们奋起行动。

此外，演讲者还需要“诱之以利”，给定承诺，为员工的行动买单，让他们看到希望，也坚定他们去行动的信心。

## 练习，练习，再练习

世界上最难的两件事：一是把别人口袋里的钱装进自己的口袋，二是将自己的思想装进别人的脑袋。古今中外优秀的领导者，无不具备卓越的演讲能力，能把自己的思想融入演讲，去激励和影响他人。

演讲者有了好的内容，还需要克服恐惧，以自信的状态、抑扬顿挫的语气、强烈的情绪、张弛有度的肢体动作，优化演讲效果。

管理者需要把握机会，找准舞台，多多练习，乐于演讲，在职业发展的跑道上善用激励演讲！

如果你在成长或职业路上遇到了演讲困惑，不用担心，欢迎随时联系我。让我们互换思想，同行共进，遇见更好的自己！

# 猫书（张莹）

DISC+授权讲师A14毕业生

演讲教练

即兴戏剧推广者

脱口秀演员

扫码加好友

猫书（张莹）BESTdisc 行为特征分析报告

SC 型

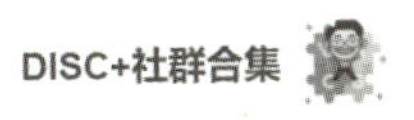


报告日期：2022年02月07日

测评用时：07分55秒（建议用时：8分钟）

BESTdisc曲线

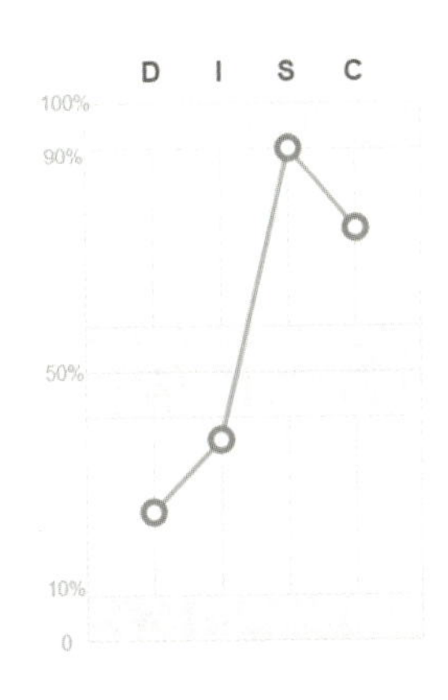


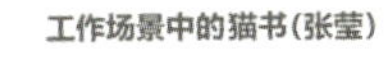


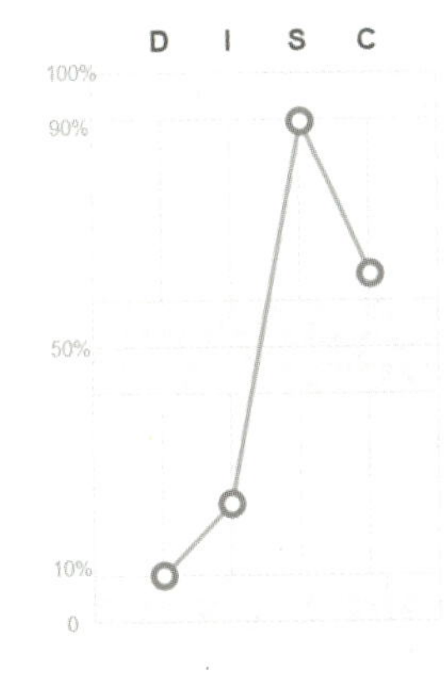


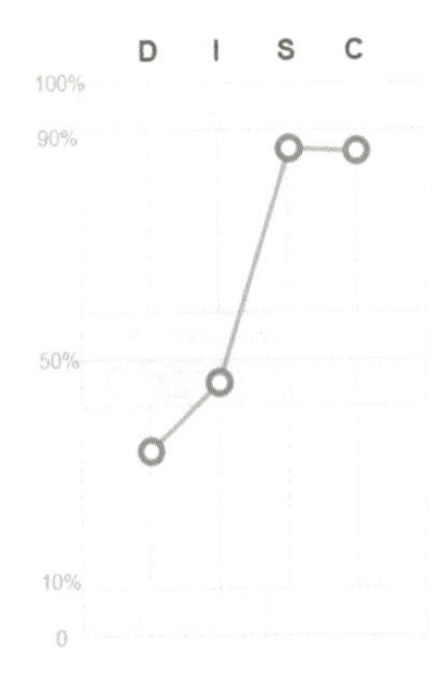


D-Dominance（掌控支配型） I-Influence（社交影响型） S-Steadiness（稳健支持型） C-Compliance（谨慎分析型）

三种情境中，D 值、I 值、S 值、C 值变化不大，表明猫书（张莹）不会刻意隐藏自己的风格，用自己最真实的状态工作和生活。S 值、C 值高，表明猫书（张莹）是很好的倾听者，有很强的共情能力，善于观察和捕捉细节。

## 如何激发演讲者的演讲热情

这两年，我给将近80位演讲者做过演讲教练，发现很多演讲者都会遇到一个问题：稿子很难背。

曾经有个演讲者问我："花了两天反复背演讲稿，但就是记不住，找不到演讲的感觉，该怎么办？"

当时我就问她："你有没有想过一个问题？如果你的稿子，自己都要花十几二十个小时反复地背诵，你才能讲得出来，那听众不做笔记，只能听10分钟左右，他能记住多少？"

我引导她找到演讲者的真情实感，用自然流露的情感去表达，这样自然就不用再死记硬背演讲稿了。

### 发现"三个人"

如何调动演讲者的真情实感？这是近几年我一直在研究的课题。后来我总结出了一个模型，我称它为："三个人"演讲模型。

我第一次意识到什么是演讲者的真情实感，是在2017年。当时我受邀去一个大学做演讲，坐上地铁，我就开始想我该给听众讲什么？地铁一开动，我的脑子里突然蹦出一个念头：如果20年前的我就坐在下面听演讲，台上的演讲者在一个小时内讲什么，能让台下的我后来不经历离异，不经历自杀，不用经历那么多倒霉的事？

这次演讲，我讲的是情绪管理，讲非暴力沟通，讲怎么去爱。我想象着20年前的我就坐在下面，不用怎么演练，真情实感一下子就流露出来了。

从那以后，我很长时间都在给一个人演讲，这个人就是当年那个最需要听演讲的我自己，每一次我都情感迸发，因为谁都希望时光重来，希望能改变自己的命运。

第一个能激发演讲者真情实感的人——当年的自己，我把他叫眼前人。

第二个人是怎么找到的呢？

有一次，我参加一个戏剧活动，老师让大家讲一些自己的痛苦经历，有两个心理学专业的学生就反映，老是挖掘这些痛苦的经历，会不会加重心理创伤？

当时老师说的话，我现在都还记得很清楚：你以为这个痛苦是你一个人的吗？你这个痛苦背后有千万人，他们没有机会上台，你现在有机会站在台上，为什么不讲出来？

那时我就意识到，我们演讲的时候其实还要想一想自己代表了哪些人？你要为他们发出什么声音？你怎么去理解他们的需求、照顾他们的情绪？

第二个能激发演讲者真情实感的人——身后人。

那么第三个人是怎么来的呢？

有个朋友找我帮助她打磨一个演讲俱乐部的过级演讲稿。她讲的是从银行辞职去北京，一腔热血去做流动儿童教育公益项目的经历，最终项目没有做成，她患上了抑郁症。

她讲的时候非常难受，但我听完以后感觉不对。我对她说："你的演讲可以让大家去关注这些流动儿童，甚至可以号召大家为这些儿童筹款。你可以试着为这个人群发声，你的演讲不只是为了过级，过级只是你的第一步，未来还有很多人在等着你，你还要讲给未来的很多人听。上天给了你这么一次机会，让你探讨这个话题，你通过这次演讲可能影响某个人群。”

第三个能激发演讲者真情实感的人——未来人。

## “三个人”激发演讲热情

我第一次发现“三个人”演讲模型对激发演讲者的演讲热情真的有效果，是在得到讲师训练营。当时群里很多同学都反映背不出演讲稿，找不到演讲热情，于是我就跟他们分享“三个人”演讲模型。大概一周的时间，我帮助了21位同学进行演讲打磨，收到的反馈效果都还不错。

第一个演讲者是一个高级面点师。他的演讲题目是“普通面点师与高级面点师有什么区别”。刚开始他对这个演讲题目没有什么热情，我就让他先跟我敞开了随便聊。

他的演讲像散文一样，仿佛讲的不是一个面包怎么做好，而是一个生命怎么诞生的。

我说，你对这个行业很有热情。我看了他的朋友圈，他单做法棍就打卡100天。100天里每天的做法都不一样，今天什么温度，明天怎么调整时间，他愿意为做出好味道的法棍而反复地打卡试验。

接着我问他：“你有没有想过你的演讲讲给谁听？”

他说：“没有，我没想好就要上讲台了。”

我问他：“这行你做了多少年？”

他说：“三年。”

我问他：“有没有坚持不下去的时候？”

他说：“入行一年的时候觉得很枯燥，自己都不知道做下去有没有希望。”

我告诉他:“表面上你分享的是普通面点师和高级面点师的区别。如果你这个主题讲给一年前那个想要放弃的自己,他会不会坚定信心做下去?那些刚入行一年的面点师,看都觉得很枯燥了,你的演讲能不能让他们坚定信心?”

我以罗振宇为例继续启发他。罗振宇说:“演讲是在干嘛?我们分享的是三种东西,一种是你给钱去帮助别人,这叫财布施;一种是法布施,你给方法去帮助别人;还有最高级的一种是无畏布施,你让他遇到困难的时候,他有胆量去面对。”

我说:“你的演讲如果能讲到这一层,算不算无畏布施?”

讲到这些的时候,他的情绪被调动起来了,他意识到他不仅要站上讲台,还要向眼前那些想要放弃的人发声。

这就是三个人中的“眼前人”的激励效果。

第二个演讲者是一位医生,他在体检中心工作,每天要看很多份体检报告,所以他演讲的题目是“怎么当一个聪明的患者”。

什么叫聪明的患者?就是听得懂医生说话的患者。医生有时候看体检报告,他会说没事。没事是什么意思?有 3 种意思:一种是一点事都没有,一种是还不用找医生,一种是有点小问题,暂时不用找医生。但是你得注意,这 3 种情况,在医生这里统称没事。

听完这些之后,我问他:“你是个医生,但你在这篇演讲稿里面好像站在了患者这一边,你有没有想过抚慰一下双方呢?

“首先你说医生有一堆术语,你能不能加一句,因为医生每天要看多少患者,所以他接待每一个患者的时间只有那么多,慢慢地他就形成了一些术语,这样是不是能让听众理解一下医生呢?

“再站在患者的角度,你说很多患者到了医院,有时候吓得话都讲不清楚。看到患者的负面情绪,你有没有抚慰一下?能不能加一句:我很理解这时候的患者,当他来到医院,他对医学知识茫然无措,他不知道今天是把自己交给我们了,还是交代给我们了,他当然害怕!

“医生用术语说话，正常。患者害怕，正常。对不对？但是医生和患者应该是什么关系？他们的共同敌人是什么？是疾病。医生和患者的关系应该是战友，你想帮助双方能够好好沟通，教大家怎么做一个聪明的患者，对吗？但是你的演讲稿是教患者怎么精明地对付医生，这样对吗？你得为你的人群说话，你得当这个中间人去调和医患关系，帮助患者跟医生联起手来对付疾病。”

他听完我的话后，茅塞顿开地对我说：“是的，这就是我想要表达的意思。”这就是“身后人”的激励效果。

最后一个案例与“未来人”有关。

演讲者是中国第一家马术俱乐部的老板，她花了20年，把一家马术俱乐部发展到了几十家。她原来的稿子就是讲她的马术俱乐部的，特别像打广告。

她讲马术俱乐部亏了很多钱，她自己是怎么坚持运营下去的，但她找不到讲这些的热情，就不想讲了。于是我让她跟我聊天，随便聊。

聊天中，我发现她一讲到马术俱乐部就充满了热情，我认为马术太小众，她都要激动地跟我解释一番。

我说：“你对推广马术产业很有热情，帮你改个题目，就叫‘如何把一个小众文化推向大众’，你就是小众文化的代言人，你在教小众文化从业者做推广，而不局限于你的马术俱乐部，仅推广经验，你可以到很多地方去讲，未来的舞台很广阔。”

她说：“猫书你是对的，你知道吗？我以前都不敢上讲台，其实我是个社交恐惧症患者，特别是我们这种玩马术的，我们圈子里面讲的全是马术，面对其他人群我都不太会说话，也不太敢说话，为了让人们关注马术，我又必须站上讲台，所以我很怕。但是听完你的话，我感觉站上这个讲台是我的使命。”

这就是“未来人”所激发出的演讲热情。

这三个故事只是我在培训案例中较为突出的事例，还有好多演讲者在我的指导下，运用我的“三个人”演讲模型，勇敢地走上讲台，把真情实感传达给台下的人。

找到你演讲中的三个人:过去的自己、身后人群,还有未来需要你的人。巧用“三个人”演讲模型激发你的真情实感,你的演讲自然能够受到大家的欢迎!

# 第二章

# 财富法则

# 财富法则篇

### 设置3个账户

前脚追梦 后脚托底

温饱账户

小康账户 —— 富裕账户

### 有一天
### 你会感谢懂理财的自己

作者：招财猫陈醉

### 理财就是理人生

作者：陆财神

找到属于自己的人生意义

寻找生命意义

思考理财的意义

北漂的苦与痛

少年的穷与悟

### 选择理财
### 就是选择过有底气的生活

作者：林天智

为什么选择理财

更直接的学习理财的正确方法

理财方式

打开财务

## 财富法则

### 最爱两朵"花"

作者：一叶一沙

有钱"花"

干好本职工作

尽早学习理财

随便"花"

避坑 用非理性消费做心理疗愈

避坑 被营销后的感性消费

避坑 不知不觉的浪费

### 生命中不可所得的
### Macao"钦"

作者：吴元钦

辍学-赌场经理

-大学校园-金融保险行业

# 招财猫陈醉

DISC双证班F42期毕业生

财务诊断师

基金达人

股票里手

扫码加好友

**招财猫陈醉 BESTdisc 行为特征分析报告**

**CSD 型**

**DISC+社群合集**

报告日期：2022年01月16日
测评用时：10分27秒（建议用时：8分钟）

**BESTdisc曲线**

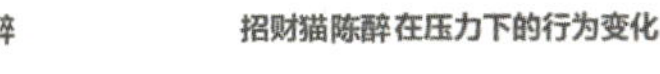

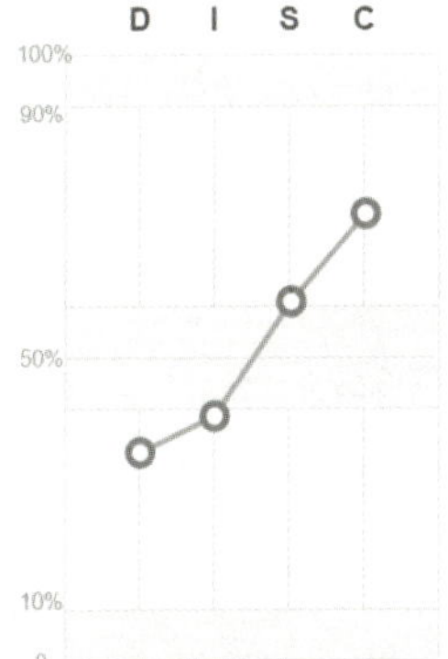


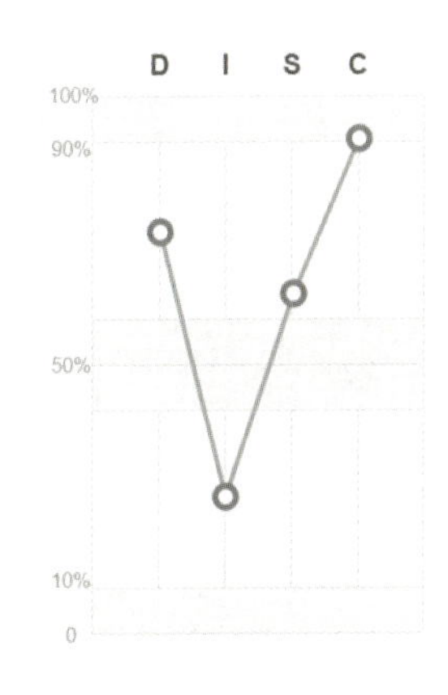


D-Dominance（掌控支配型） I-Influence（社交影响型） S-Steadiness（稳健支持型） C-Compliance（谨慎分析型）

C值高，说明招财猫陈醉在工作和生活中细致严谨，喜欢探究事情背后的原因，擅长进行数据分析或逻辑推理。压力下D值明显提升，表明面对压力时，招财猫陈醉可以冷静地应对，更加聚焦目标和结果。

## 有一天，你会感谢懂理财的自己

人到中年突然失业，打开各种账单，存款不够下月的开支？

担心孩子输在起跑线上，要买学区房、报兴趣班，还为还贷款发愁？

家里的长辈突然生病，需要筹钱治病，却捉襟见肘？

如果面临这些困境，你会不会发出一声感叹：如果当年有点理财思维，学点理财知识，有点理财能力就好了！

许多人为没有理好财而懊恼，才发现善于理财多么重要。理财，理的不仅仅是钱，理财可以解决很多人生难题。

### 打好财富自由的地基

2021 年，《鱿鱼游戏》大火，讲述了 456 人在生活重压之下，突然接到神秘邀请，去孤岛参加一场生存游戏，通过玩一系列游戏，赢得 456 亿韩元（约合 2.47 亿人民币）现金的故事。“人们在一秒钟内决定生死。”看完之后我做了一个噩梦，梦见自己参与生死游戏，醒来后惊出一身冷汗。

我跟好友静子探讨，怎样才能避免人生陷入困境？

“凡事至少有四种解决方案。”她说，“首先，人生要有托底计划，如果没有，生活中将充满不可控制的风险。”

“怎样理解托底计划？”我问，研究金融已十多年的好友总是见解独到，我暗暗好奇她会说出什么样的答案。

“生理、安全需求，某种程度上可以通过财务设计来解决，比如，买菜自由、看病自由、住房自由等。这些构成你人生的托底计划。”

“好吧。但光是这些，人生也有些无趣吧？”我追问。

“对的。”好友突然双眼放光。“我们也要有梦想计划！你知道懒蚂蚁和勤蚂蚁的故事吗？庞大的蚂蚁集团各有分工，大部分蚂蚁勤劳协作，但有一群懒蚂蚁整日无所事事。有趣的是，当蚁群失去食物来源时，勤劳的工蚁一筹莫展，而懒蚂蚁却带领蚂蚁向早已侦察到的新食物源转移。原来它们把大部分时间都花在了侦察和研究上，既能观察到组织的薄弱之处，又保持对新食物源的探索。”

“意思是，我们必须左手扎实托底，右手拓展梦想？”我细细思考，觉得她的建议真妙。

“对啦，当然，你也可以找金融圈的好朋友，大家利用各自特长，去寻找更多出路，梦想万一实现了呢？”

“哈哈，对啊！我们都可以成为追求新机遇的懒蚂蚁。”

## 设置三个账户：前脚追梦，后脚托底

自从心中有了托底和追梦计划，我便开始琢磨，怎么落实？我跟故事达人猫书（张莹）和天赋教练黄金分享了我的“两类计划”。

“投资是一种博弈，”当我跟黄金聊投资中的“搏斗”往事时，她飞快发来万维钢的一段内容：“投资中有个概念叫‘盈亏同源’，意思是赚钱和亏钱其实是同一个原因——谨慎能让你盈利不多，也能让你不亏钱；冒险能让你挣到钱，也能让你亏钱。”

“一些风险会披着‘安全’的外衣，让你琢磨不透哪里有坑，坑有多深。”

“挣钱靠的是对投资的深度理解，也靠运气、乐观和承担风险的勇气；保本需要的是避免冒险、心怀畏惧和内心谦卑。”

“所以，要进行安全账户和风险账户分离，区分勤蚂蚁和懒蚂蚁。”

我做了一个小结：对应“两类计划”，我们需要规划三个账户。

温饱账户：通过学习、考试和找一份现金流大的工作，解决活下去的问题。

小康账户：至少存下 50% 的现金流收入，满足住宿、教育、医疗等需求，解决活得好的问题。

富裕账户：通过不断学习和实践，通过高收益（高风险）投资，走上财务自由之路，解决活得有意义的问题。

## 温饱账户

可以计算自己过往三年的生活费用，来测算退休前的生活费用，再计算一个目标存款总数，比如 20 年后退休，退休准备每月开支 5000 元，大概目标存款总额为 120 万元。

如何打理这笔资产呢？一是可以买国债，二是可以买固定分红型理财或保险年金。注意，不仅要听营销人员的介绍，还要特别注意产品合同条款，查看是否为固定收益、期限多长、提前赎回是否有损失、分红险的内部收益率是多少。也可以买银行的短期理财，或货币基金、余额宝等，年化收益率 1%～5%，虽然收益率相对低，但胜在支取便利。

理财最重要的是管理好风险，风险意味着损失的可能性。理财也要做好长期资金和短期开支的分配。当你买了不适合自己风险承受能力的理财产品，比如买了承诺保本，但实际亏损的理财产品，那就要及时止损。温饱账户就是要确保安全，确保急用时能马上取用。

## 小康账户

小康账户可满足基础生活开支之后的更高需求，预期收益率 10% 左右。举例来说，假如你现在刚刚工作，或想在 30 岁之前买房或租房，我们可以采取基金定投的方式，尽量每月拿出 50% 的收入购买基金。基金分被动基金和主动基金，被动基金指的是跟踪大盘 A50、沪深 300，中证 500、各类行业指数的基金，也称 ETF；购买主动基金，选择基金经理最重要，必须充分了解基金经理。

作为中年人，我的忠告是：青年试错要趁早，善用杠杆，找准人生第一桶金。

2007 年的一天，我在广州开始了追梦的征程。居住的宿舍楼下虫鼠滋生，周边建筑破旧，每天上下班要往返 30 多公里，花费 3 个小时。这个选择，让我每月至少省下 800 元的房租，一年省下近 1 万元。当时年薪五六万元的我，省吃俭用，每年将开销控制在 1 万元以内。我刚开始工作就进行基金定投，到了 2009 年，已经存了近 20 万元。

2009 年 2 月，我用这 20 万元做首付贷款买了第一套房。到 2020 年，房子的市值已经是当年的五倍多，我成功卖出套现。2013 年 1 月，我又看中了一套附近即将通地铁的二手房并成功拿下，首付五成，每月还款 1 万元出头。2016 年 1 月，为了孩子上学，我又把第二套房卖了，一买一卖盈利 40 万元，再加上这几年购买银行理财和基金的收益，首付三成买了学区房，2021 年，这套房子的市值也翻倍了。2021 年初，受疫情影响房价低迷，我又一次出手，将郊区不能升值的房产，置换成了市中心交通便利的房屋。

投资大师巴菲特有“一辈子 20 次打卡理论”，算了一下，我至少在大额房产投资买卖打卡了 5 次，每一次都买在学校附近或中心区域。

房屋不仅仅可以保值，更承载了一个家庭的幸福生活。我实现了人生的托底计划，完成了满足生活和安全需求的“平凡之旅”，在投资过程中，我有几点收获：

一是科学理性的“延迟满足”。面对诱惑，我们需要思考的是，存钱投资还是随性消费？关于大宗消费，我的座驾价值 10 万元不到，还清第一套房贷之前，每年的家庭花费也不超过 5 万元，每年至少结余 50% 的收入。

二是善于踩准点位，把握房产周期。我几次买房的时间点，都是在政府宏观调控之前。那时房价前景不明，成交率不高，均价不高，有升值空间，也一定程度上避免了投资风险。

三是合理负债，用杠杆撬动购房。提前做好规划，将房屋贷款杠杆率设置在 50% 以下。

## 富裕账户

富裕账户帮助我们通往财务自由之路。

先普及一个重要概念：经济周期。宏观经济会经历复苏期、繁荣期、萧条期、衰退期四个周期。用富裕账户博取更高收益之前，要先观察经济周期，这样才能更好地寻找到“价值错配”（投资标的的标价价格和内在价值出现差距）的股票进行投资。

根据股利定价 DDM 模型，影响股价的三个因素为无风险收益率、风险溢价和企业盈利能力，它们分别影响股市的市场面、情绪面和个股的基本面。研究股市，除了关注基本宏观经济指标以外，还要关注个股的资产收益率、市盈率、市净率等。

到底怎么投资富裕账户呢？

一是购买困境反转类股票或基金。困境反转包括市场反转和个股反转，对于市场反转，要尽量保留现金，耐心等待好时机，进行一次性抄底，比如，2018 年 10 月，那时 A 股市场市盈率降得很低，茅台、五粮液、宁德时代的股价都处于低位，过了两三年，这些优质股票的股价飙升，如果在 2018 年抄底购买基金或股票，三年 50% 的收益率是没问题的。对于个股反转，我们要认真观察市场的“情绪”，识别市场虚假传言，找到个股“价值错配”的空间，进行右侧一次大额买入或左侧逐步定投。

二是购买高景气类股票或基金。买股票就是买预期，当你在掌握基础信息的情况下，要果断出手。

## 追寻财务自由，不忘风控

我接触的理财个案中，有很多投资收入高、财富增长快的例子。比如，2014 年，股市慢慢开始有行情时，邻居把所有的钱投入股市，赚了几百万，但资产又在 2018 年股市暴跌时灰飞烟灭。我也接触过身价上亿的富豪，他宁可花钱炒股，也不肯花钱买财产保险和人寿保险。

投资也要具备规避风险的能力。投资大师查理・芒格曾经说过："你不必非常出色，只要在很长很长的时间内保持比其他人聪明一点点就够了。"

怎么规避风险呢？

对于沉没成本，懂得及时止损。2020 年 10 月，P2P 尚有余热的时候，高中同学打电话告诉我，20 万元亏没了，这是她做公务员十多年的积蓄。我很惊讶，半年前我还提醒她：现在宏观政策调整，P2P 风险高，暂时退出，不要买了！但她被高收益吸引，仍然一头栽进去。

提前感知风险的能力。2015 年，证券的金融改革掀起了一波行情，A 股最高峰到了 4000 多点。随后，6 月个股开始下跌，有一些券商的客户账户开始被强行平仓。这些细节，让我嗅到了风险的气息，立即清仓，完美躲过股市大跌。

摸到经济周期的脉动。2021 年底，有一些股民说年底会有一波春节"牛"，也有另外一个观点，认为美国是处在加息的周期，会影响 A 股，具有一定投资风险，要及时降低杠杆。我经过筛选，选择相信后者，果断降低杠杆，将资金抽出股市，提前还房贷，躲过了这一波的下跌。

设置了三个账户以后，你会发现即使富裕账户亏损，你的人生也不会有多大损失。

我信仰"平凡但不平庸"。"平凡"就是先完成人生的托底计划，满足生理、安全的需求；"不平庸"就是完成梦想计划，满足归属、尊重和自我实现的需求，让自己活得更有价值。我们的努力方向，是做一个生活富足，拥有此生热爱的事业，家庭和睦幸福的人。

投资是一种修行，人生也是修行。

最后，以一首小诗相赠：

远处灯火璀璨，鼓足勇气寻梦。

为爱寻遍千山，众里寻他百度。

也曾意兴阑珊，路上荆棘密布。

暗中灯塔守护，照亮天边星云。

银河宛若故里，陈醉喜乐同在。

祝大家理财顺利！你的招财闺蜜致上。

# 陆财神

DISC+授权讲师A12毕业生
希辰咨询创始人
天津大学管理硕士
视频号头部财经博主

扫码加好友

**陆财神 BESTdisc 行为特征分析报告**

SIC 型

DISC+社群合集

报告日期：2022年02月22日

测评用时：21分22秒（建议用时：8分钟）

BESTdisc曲线

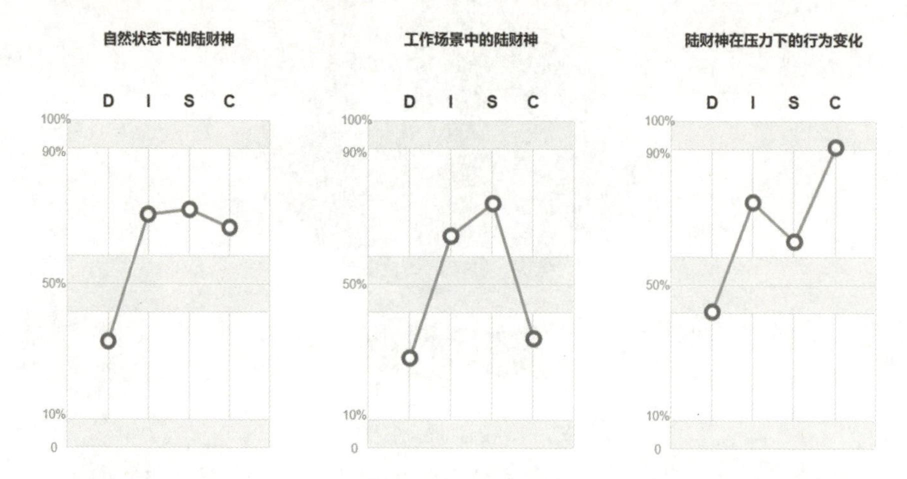


D-Dominance（掌控支配型） I-Influence（社交影响型） S-Steadiness（稳健支持型） C-Compliance（谨慎分析型）

I 值、S 值相对较高，表明陆财神既是很好的倾听者，又是很好的表达者。在工作中，C 值、D 值较低，表明他工作中待人温和不苛刻。压力下 C 值明显升高，表明面对压力时，他会更加严谨。

## 理财就是理人生

我是陆财神，一个5岁孩子的爸爸，曾经是建筑设计院工程师、陪伴式定投理论创始人、视频号头部财经博主，现在是一位私人理财教练，累计指导过15位资产多达5000万元的客户，帮他们实现财富增值。

在别人眼中的我，36岁、年轻有为，在北京和其他城市持有多套房产，个人资产超千万。但他们不知道的是，这些财富的积累，源自我很早就知道了“钱到底多有用”。

很多年轻人对未来踌躇满志，一说到理想抱负就侃侃而谈，却毫无个人财务规划概念，长期经济紧张，当家人和自己遇到困难时，费尽心思地筹钱。我非常想对这些年轻人说：如果人生早做些准备，结果将截然不同。

我的故事证明了一个道理：理财就是理人生。希望我的故事能让你重新思考钱对于人生的意义。

### 少年的穷与悟

少年时代的穷，总是让人气短，也让人有了滑向深渊的借口。多年后，我才省悟，高考是中国最公平的机会，是寒门子弟的起点，也是通往美好未来的大门。

我 18 岁时，沉迷网络游戏。第一次高考落榜，全家除了妈妈，没有人支持我复读，奶奶对爸爸说："小陆根本就不是学习的那块料，赶紧让他打工去吧，也能给你俩减轻点负担……"

奶奶看不上妈妈，也不待见我这个不成器的孙子。我永远忘不了，妈妈强忍泪水对我说："其他的你不用管，你就告诉妈妈，你到底还想不想学？"我心疼妈妈的处境，更后悔自己不争气，心底有太多不甘，忍不住哭着说："想！"

妈妈委曲求全，为我换来了第二次高考的机会。为了给我凑学费，妈妈不顾奶奶的不满和村里人的指指点点，把家里唯一值钱的东西，也是她唯一的嫁妆——一条金项链卖了。这些年，每每想起妈妈为了我义无反顾的神情，我都揪心不已。

当时我感觉自己特别没用，也实实在在体会到了贫穷所带来的无力感和金钱的分量。我暗下决心，一定把那条项链赎回来，一定考上好大学，不让妈妈失望。

但事与愿违，我的第二次高考又失败了。

奶奶指着我说："你是全村的笑话，浪费钱。"更可笑的是，给我发来录取通知书的学校正是我第一次高考考上的那所专科学校。奶奶说得对，我就是个笑话，我辜负了妈妈的期望……

黑色的暑假接近尾声，一个寂静的晚上，家里人都睡了，我一个人坐在门前的台阶上。妈妈从后面轻轻走过来，坐在我身旁，她对我说了一句话，一句改变我一生的话。夜很静，妈妈的声音很轻，她说："儿子，人生是一场长跑，你才刚刚开始，振作起来！"

妈妈是一位普通的农村妇女，她的话却像一道光，驱散了我心里所有的黑暗。

暑假结束，我背起行囊去学校报道。我对自己说，为了妈妈，为了自己，即便读大专，也要读出个样子。在学校的几年，我在学生会担任 3 个部长，每年拿奖学金，课后时间全部用来琢磨赚钱。最关键的是，我始终提醒自己，要想办法赚钱，不能再让妈妈为难了。

当别的同学在享受轻松、安逸的大学生活时，我已经尝试了卖电话卡、生活用品、二手产品；带着室友兼职，一起做小生意；假期在工地实习。我不知不觉也攒下了几万块钱。

初入社会，我带着校园里优秀的履历和自信来到上海实习。假期陪女朋友回家探亲时，她家一位亲戚给我算了一笔账：600 块实习工资，不吃不喝 200 年，才够买一套北上广的房子……

人外有人，钱外有钱啊，我这点积蓄算什么？好在，我不再迷茫了，我知道一定还有别的办法增加收入。

## 北漂的苦与痛

2010 年我正式毕业了，揣着一张从哈尔滨到北京的无座车票，开始了十年“北漂”生活。

为了省钱，我住在分不清白天黑夜的北六环地下室，与霉味、潮气为伍。每天挤地铁，花在路上的时间就要 5 个小时，衣食住行能省就省，即便是这样，仍然入不敷出，3000 元的月收入实在太低了。但我还是经过高强度的加班，终于给妈妈买了一条金项链。

我开始反思这种陀螺般的生活状态，坚定了一个信念“知识在哪里，财富就在哪里”。思路决定出路，对我来说，读书就是成本最低、最快捷的提升格局、拓展思维的方式之一。《富爸爸穷爸爸》《小狗钱钱》《有钱人和你想的不一样》这些经典书籍是我打开理财大门的钥匙，在很长时间内，我不停地学习和积累理论知识。没过多久，我就感受到了精神和物质的双重提升。

经过 3 年的努力打拼，我积攒下了 27 万元，终于有了向相爱多年的她求婚的勇气。2013 年 10 月 8 日，我结婚了，我发誓一定要给心爱的她更好的生活。

生活总是朝着心中的方向迈进，3 年后，我通过邮币卡赚到了人生第一个 100 万。当时特别欢欣鼓舞，不仅因为投资成功，买了第一套房，更因为我就要当爸爸了。

上帝为你打开一扇窗，就会关上一道门。就在我和太太庆祝买房的当天，收到了爸爸患食道癌晚期的消息。

我独自一人回到老家。爸爸当时已经不能进食，形容枯槁，我提出要带他进京看病，医生坦诚相告："别折腾了，就抓紧时间多陪陪他吧。"

祸不单行，就在我回老家后的第三天，邮币卡暴跌，一夜之间庄家跑路，所有人都成了"韭菜"。

怀孕的妻子，挣扎在生命尽头的爸爸，赔钱的亲友，我自责、懊悔、惊慌……似乎又回到了 18 岁，千头万绪间，只剩下沉默。想到待产的妻子、病床上的爸爸，我没有心灰意冷的资格，为了他们，我无论如何都要再拼一拼。

从山峰跌落谷底，这个教训刻骨铭心。我开始系统学习经济学、金融学、投资理财知识，深入研究国内外经典的投资案例，持续跟随香帅、薛兆丰、徐远等金融大咖学习，慢慢收获了基金定投 6 年，平均年化收益率 25% 的战绩。行情好时，收益情况甚至超过大多数职业基金经理。

## 理财意义的思考

在爸爸人生中最后的三个月，我倾尽所有，只为不留遗憾，正准备卖房的时候，他终究支撑不住，就这样离去了。

从悲伤的情绪中慢慢走出来后，我还是不由自主地想念爸爸，也回想照顾他的整个过程。照顾病人需要人手，单靠妈妈是完全不够的，但是爸爸的兄弟姐妹很难抽出时间帮忙，因为他们经济条件都不好，一把年纪都还在打零工。

这让我开始思考养老：比如，我晚年生病也会花光积蓄，要让孩子劳心费神，还要卖房筹钱吗？如何才能避免陷入长辈们的窘境呢？挣钱一阵子，花钱一辈子，哪个阶段都离不开衣食住行。

这个问题到底如何解决呢？答案很简单，就是年轻时拼命建造好自己的"财富蓄水池"，不断扩大它，直到它能覆盖我们的整个生命周期。

人生财富最好的状态就是：年轻时，通过主动收入，不断购买优质资产；等年老时，主动收入不断减少，被动收入开始不断增加。当被动收入可以覆盖生活中的一切开销时，我们就已经实现财务自由了。

那什么是优质资产呢？通过深入研究国内外经典的投资案例以及各发达经济体的股市情况后，可以得知最适合中国老百姓的投资工具是"定投指数基金"。

根据所学，我为自己做了个规划：如果我从30岁开始定投，每个月定投833元，相当于每年定投1万元，定投到60岁，共31年，按平均年化收益率10%计算，那么你知道我退休后能有多少钱？

答案：约200万元！

200万元的退休金也够养老的基本开销了，而且这200万元每年还会以10%的复利增长，每年20万元的退休金也够我花了。

如果把投资开始时间提前到毕业那年，即22岁开始定投，每年定投2万元，复利收益率10%，62岁的时候，定投41年，能有多少钱？

答案：约1000万元！这就是复利的力量。

也许有人会说，你说的是假设，平均10%左右的年化收益率能实现吗？我可以肯定地回答你：可以的。因为我从2016年开始定投基金，这6年平均年化收益率在25%左右。我总结了一套成熟方法，只要你学会这套方法并且坚持3年以上，是绝对可以实现的。

我希望自己退休时，可以过上有品质的赋闲生活，而不是人到暮年，仍为生计劳碌担忧，我要从容地生活，而不是紧张地活着。

## 生命意义找寻

虽然历经磨难，但仔细想来，我还是幸运的，人生起承转合的每一个关键节点都被我牢牢把握住了。

在本职工作方面，我有幸赶上了房地产行业的白银时代，在建筑设计院工作了7年后，转战上市房企担任设计管理工作。市场机遇当前，我主动把自己的利益分割出去，和朋友成立设计公司。事业和投资整体向好，我购买了第二套房、第三套房……

多年来，经历反复的财富探索和实践，我发现每个人的理财、投资思维都是可以培养的，要想赚到更多钱，必须充分理解财富规律和底层逻辑。

2020年，我圆了母亲和自己的梦，取得了天津大学硕士研究生学历，同时也产生了新的想法。经过深思熟虑，我果断辞掉了年薪近50万元的工作，转战知识付费赛道创业，憧憬把更多的理财知识分享给需要的学员。

为了尽快融入新领域，我投资20万元，跟随国内顶级知识型IP“剽悍一只猫”老师学习，开启了为期半年的个人品牌、知识付费领域的学习。

金钱让我可以拥有和调动更多资源，也可以平息我的焦虑和悲伤，我认为最重要的是我的赚钱能力配得上我的欲望。我想做引领者、号召人，做更有意义的事，创造更多的价值。

## 找到属于自己的人生意义

2020 年对我而言极不平凡，我发起了第一期财富训练营，把自己 30 岁那年拿到的财富钥匙交给更多靠近我的人。原本想好了，即便只有一个学生，我也要倾囊相授，结果是 30 个名额一抢而空。

随后，我成了视频号头部财经博主，训练营开到了第八期，直播场观人数高达 10 余万，拥有了 2 万多名粉丝，学员来自各行各业，年龄从 18 岁到 76 岁。大家在学习中也成了朋友，我搭建的学习平台成了大家的资源库、人际网，我真的成了引领者、号召人。

我的理财之路就是人生规划之路，从 18 岁的乡村少年到如今自信满满的理财教练，是知识改变了我的命运，是理财理念帮助我收获了财富。

每个人都拥有独一无二的人生。希望我的故事能够帮助你获得学习理财的动力，帮助你尽早行动起来，当自己人生的主宰者。

人生过往，皆为财富。回首过往种种，我感恩每段经历，是它们塑造了今天的我。

我立志用生命影响生命，用财富创造财富。如果我的故事可以给你一些启发、力量或是希望，欢迎你联系我（微信号 lucaishen2021）。理财就是理人生，我愿意陪你一起理财，创造精彩人生！

# 林天智

DISC+授权讲师A4毕业生

理财教育讲师/咨询顾问

DISC授权讲师/咨询顾问

扫码加好友

**林天智** BESTdisc 行为特征分析报告

SCI 型

DISC+社群合集

报告日期：2022年02月19日

测评用时：06分44秒（建议用时：8分钟）

BESTdisc曲线

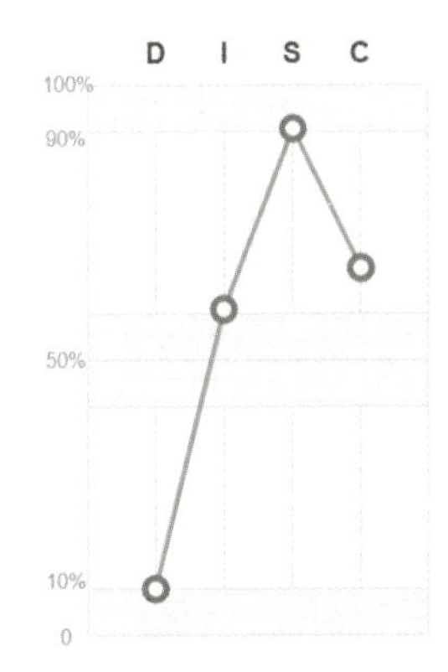


工作场景中的林天智

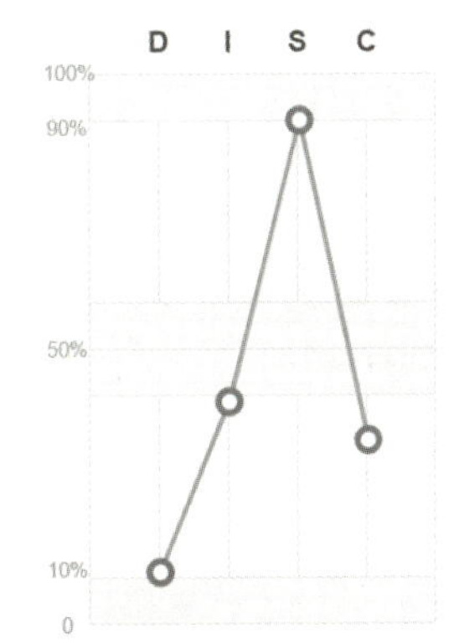


林天智在压力下的行为变化

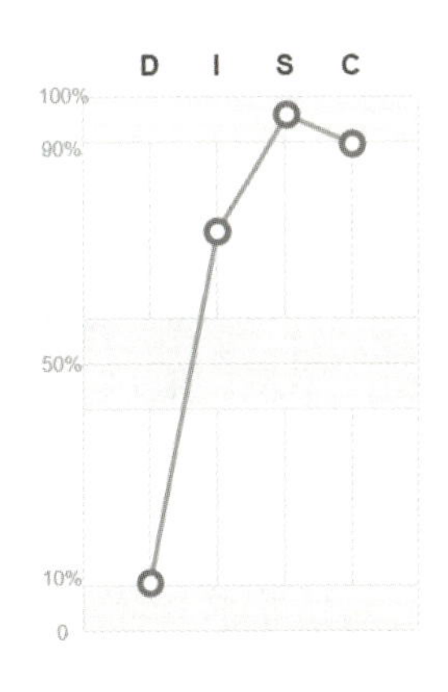


D-Dominance（掌控支配型） I-Influence（社交影响型） S-Steadiness（稳健支持型） C-Compliance（谨慎分析型）

S 值高、D 值低，表明林天智无论在工作还是生活中，都宽容待人，关注他人的感受，是别人眼中的暖男。工作场景中，C 值降低，表明他虽然严谨细致、善于分析，但不会苛责他人，而是严于律己、宽以待人。

## 选择理财，就是选择过有底气的生活

在人生的某些阶段，我总会问自己：这一生最自豪的事情是什么？或许就是，我用 5 年时间完成了“变形记”，从一名最普通的“IT 男”，变为理财教育讲师、家庭财务咨询顾问、DISC 企业培训师；从不善言谈，到一对一沟通咨询人数超过 2000 人，让许多人大吃一惊。

我是因何发生了这些转变？我想，要从 2019 年说起。

### 为什么选择理财

2019 年，当我接到电话，冲到急诊室时，我看到的是爸爸在病床上痛苦喊叫的一幕。因为体内酸中毒，当地医院已经测不出上限值了，爸爸随时会有生命危险，需要立即将他转到能做血液透析的医院。

我终于把爸爸送进青岛大学附属医院的 ICU，大夫说了一些入住 ICU 的注意事项，准备离开时，我追问了一句：“大夫，我需要准备多少钱呢？”他告诉我：“病人需要做全身血液透析，还不知道需要做几次，也不知道什么时候才能完全清醒。如果需要 24 小时护理的话，按照一天 2 万～3 万准备吧。”我平生第一次知道，原来 ICU 是按天收费的！

爸爸进了 ICU，我的心稍稍安定了一些，开始盘算需要多少钱：按照上限，一天 3 万，半个月需要 45 万，一个月 30 天就是 90 万，这个数字是相当吓人的。

大多数普通人，遇到这种情况往往都会崩溃，因为这种意外支出，可以拖垮一个家庭。我没有让人羡慕的学历，没有风光无限的工作经历，更没有显赫的家世，我只是兢兢业业工作、老老实实生活，希望待在自己的小天地里舒舒服服地过日子。可能大多数人都不太相信意外，用专业点的话来讲，就是对风险没有一个具体的认知。别看我现在是理财教育讲师，其实在我爸爸意外生病之前，我骨子里也是一个不太愿意相信意外的人，直到这些意外真正降临到自己身上。

面对这个天文数字的住院费，我甚至有点庆幸，庆幸自己在这之前的理财学习和理财教育的经历。因为，如果你有正确的理财观念和方法，你就知道怎样处理负债、投资、转嫁风险，就知道如何寻找更多的赚钱方式（理财课程是开源方式），你在遭遇一些重大意外时，就可以像我一样轻松地去面对。

我一直跟学员们讲，学习理财不会让你一夜暴富，但可以让你多一些过日子的底气。你要知道，过日子不是过家家，而是需要去面对很多现实问题，包括柴米油盐酱醋茶，包括房贷、车贷、孩子的抚育费用，以及各种意外支出。

你可能会说，我知道这些都需要钱，那我努力赚钱就行了嘛。努力赚钱是对的，但你看看自己身边有多少“月光族”？甚至有可能，你自己也是一名“月光族”。别以为“月光族”都是因为赚得少，我在做理财教育的过程中，接触了很多高收入的“月光族”。赚得再多都不算真正有本事，能赚到钱并能存下钱，才是真的厉害。

手里有钱，过日子的底气才足；手里没钱，经不起一点儿风吹草动。除了“月光族”，还有“负债族”。当今社会，可能已经找不到没有负债的人了，大家或多或少都会背着车贷、房贷以及各类的信用贷……如果你能学会合理使用借款，它可以成为一个非常好用的杠杆，帮助你加速积累财富，但如果不小心踏入了消费贷的陷阱，你很有可能越陷越深，无法挣脱。

因为做理财教育，我发现了一个很有意思的现象：大多开始有意识想要学习理财的人，个人财务都或多或少地出现了问题，或是困惑自己为什么总存不下钱，或是想要摆脱债务压力。其实，我也一样。

在我们家二宝（我闺女）出生前，我也是一名“月光族”。以前收入不算低，每个月还掉房贷、车贷，还能剩下不少，但是，剩下的钱都不知道花到哪里去了。

2015 年，闺女出生，有时候抱着那个小小的人儿，我脑子里不由自主地展开想象，想象以后她会过什么样的生活。我也暗暗下决心，不让她受委屈，还要给她创造一个更好的生活环境。我意识到肩上责任的重大，我强烈想摆脱自己“月光族”的身份，想有更多的钱，于是我开启了学习理财的道路。

## 理财学习的正确打开方式

刚开始学习理财的时候，我也像很多学员一样担心自己学不会，常常问自己：“我没有基础、对数字不敏感，能学会理财吗？”

其实，理财不简单，但也不是特别复杂。担心自己学不会的，很大一个原因是学校里从来不教，理财对于我们来讲是一个全新的学科。就像学开车，没有人天生就会开车，任何人都需要老老实实地从头开始学起，搞清楚什么是方向盘、离合、油门，对交通规则烂熟于心，通过不断练习，越来越熟悉驾驶。

比如说我，大学里学 IT，毕业后十几年，一直从事 IT 工作，跟金融理财一点关系都没有。但我是怎么学习理财的呢？其实很简单，我把一个理财教育平台中的小白课、基金课、保险课、股票课、资产配置课全都买下来,从最简单的学到最高阶的,而且这些课程,只要有线上社群服务的,我全部申请班委,逼着自己深度参与社群学习。

学完之后,感觉还差点火候,又去学了"香帅的北大金融学课""薛兆丰的经济学课"等,其间还买回一大摞金融理财类书籍大啃特啃,慢慢又因为咨询工作需要,开始了 CFP 国际金融理财师的相关知识的学习。后来,不止一位朋友笑话我,你如果上学时候有这劲头,清华、北大也不在话下了吧。

想学好、用好理财,最关键的只有一个字"练"。将你学到的理论、方法、技巧,放到日常生活中练,放到投资市场上练,练习如何记账、储蓄、处理负债、找到更多开源方式,以及如何在投资市场里筛选基金、股票等等。

当然,单纯去练也不够,还得边练边学、边学边练,这才是学习理财的正确方式。

听完我的学习过程,你或许会惊叹:哇!你学了好多东西!其实远远不够,学习理财是可以用一生来丈量的长期事件。在实践一段时间后,我又选择回到当初的学习平台成为理财课班主任。平台要求在每次课程期间班主任要跟学员做一对一的财务咨询,将其作为一种增值服务提供给学员,这让我的咨询量增大,咨询经验突飞猛进。

"教才是最好的学。"这句话我亲身验证,特别有效。成为理财课班主任,不仅巩固了我的理财知识,更开启了我理财咨询的副业之路,到后来,理财咨询甚至已经可以算作我的主业了。

## 除了学习,还有更直接的方法帮你打理财务

你可能怀疑,会问:"你有资格做家庭财务咨询吗?"

我想这样回答:过去 5 年里,我从未停止学习理财,从知识的积累上来

讲，我自认为比普通人要强上那么一点；咨询是一种技术，除了需要基础的知识做支撑，更需要大量的实战，迄今为止，我的咨询数量已经突破了2000人次，咨询人次增加的过程中，我也发生了质变，我的知识量、经验和心态都有了提升。

我接触到2000位活生生的人，背后可能是2000个家庭。有时候，一天接待的十几位学员，清一色全是“月光族”。你有没有遇到过身上背了几十万的债务却不敢告诉家里人，甚至想自杀的人？我就遇到过。

咨询案例多了，时不时收到一些反馈。第一次收到一位学员反馈的时候，我差点哭了。信息很简单，就几个字，这位背了很多债务、差点自杀的咨询客户，他说：“林老师，我走出来了，谢谢你！”那一刻，我第一次真真切切地感觉到自己做的事情是有意义、有价值的。我活了40多年，工作了接近20年，第一次体会到自己的存在对于他人的价值，心里五味杂陈，那种感觉我一辈子也忘不了。

当一个人发现所做的事情意义非凡，并且发自内心地认同它时，状态就会完全不同。以前我可能只是把理财课当成任务，但现在，我会想自己怎样才能做得更好，真正帮助更多的人。因此我去学习更专业的咨询方法，开始通过咨询直接地帮助别人。

大多数上了理财课的人基本没有实践，花了钱和精力，却没有任何产出。理财一对一咨询是收费的，但凡一个人能花钱接受一对一咨询，他就已经有了认真对待的态度，那未来大概率就会有一个比较好的执行效果。

咨询不仅是一个学习的过程，还是一个解决问题的过程。你把自己的问题搬到咨询顾问面前，顾问帮你一起寻找答案，可以极大地减少自己的试错成本，理财中的试错成本可都是真金白银。

当然，选择咨询并不意味着不需要学习了。只有保持一种开放的学习态度并主动地学习，才能真正让自己的理财道路越走越顺。学习提升和认知改变就像地基，咨询方案就是地基上的高楼大厦，地基越坚固，才能建成越牢固的高楼。

我接下来要讲的就是我能为客户解决的三大问题：

第一，支出和收入的问题。

如果一个家庭的支出是大于收入的，那这个家庭的财务状况肯定是有问题的。咨询顾问的努力方向就是帮助客户，让客户的家庭收入大于支出，尽量让收入越来越多，支出越来越少，存下来的钱越来越多。

第二，家庭保障的问题。

我们可以控制很多事情，但是唯独控制不了意外。意外疾病、意外伤害，甚至是意外死亡，当出现这些意外的时候，除了本应该承担的各种支出外，可能你还需要支付一大笔钱。这些支出会让原本健康的家庭财务状况瞬间崩塌，意外会像多米诺骨牌一样，引发连锁反应。

幸运的是，我们可以用保险来应对这些状况，将一些潜在的风险转嫁给保险公司。

第三，钱生钱的问题。

你可能最想知道的就是如何投资，如何通过买基金、买股票赚到很多钱，但很抱歉，还记得刚开始我说的那句话吗？理财不会让你一夜暴富，它只是可以让你多一些过日子的底气。我特别害怕告诉客户年化收益可以达到多少，因为这会让客户产生只要投资，永远都有正收益的错觉。

咨询顾问要做的，就是在确保客户本金安全的前提下，提供一些投资建议。理财是一件需要以一生来丈量的长期事件。我们追求的是家庭财务的健康，让家庭走得更远、更好。

咨询顾问在为客户解决这三大问题的时候，也会用到一些辅助工具，例如一些统计收入、支出等家庭财务情况的表格，还会做一些计算。

## 理财需知三件事

我的故事已经接近尾声了，我们稍稍回顾总结一下。

第一，理财是一件特别重要的事情。理财不会让你一夜暴富，但是可以让你多一些过日子的底气。

第二，普通人应该如何开始理财？你最先做的应该是学习，学习其中的理论、方法、技巧等等。学习之后，你还需要认真练习，这样才能保证将理财这件事落到实处。

第三，理财咨询可以让你的家庭财务保持健康的状态，可以极大地节省你的试错成本。

理财的故事还有很多，我特别期待能听到你说一句："我要开始理财啦！"作为见面礼，我也会送你一套个人财务梳理的工具，帮你尽快理清自己的财务状况。

我是林天智，一位家庭财务咨询顾问，我希望跟你一起在理财的道路上走远、走好。

# 一叶一沙

DISC+授权讲师A13毕业生
心理教练
财富罗盘领航教练
注册投资咨询师

扫码加好友

一叶一沙 BESTdisc 行为特征分析报告

SCD 型

DISC+社群合集

报告日期：2021年12月30日

测评用时：07分18秒（建议用时：8分钟）

BESTdisc曲线

自然状态下的一叶一沙

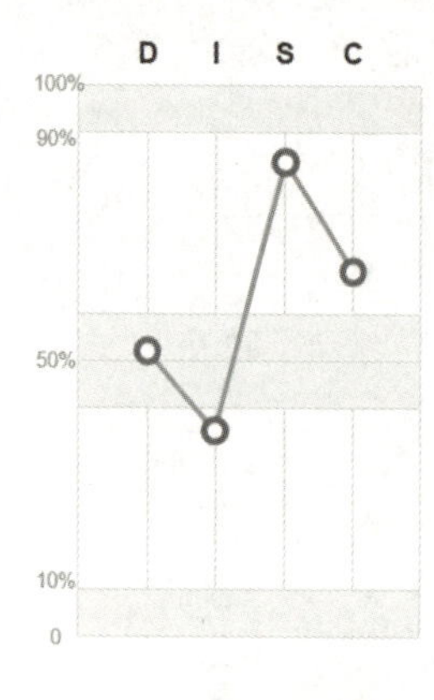


工作场景中的一叶一沙

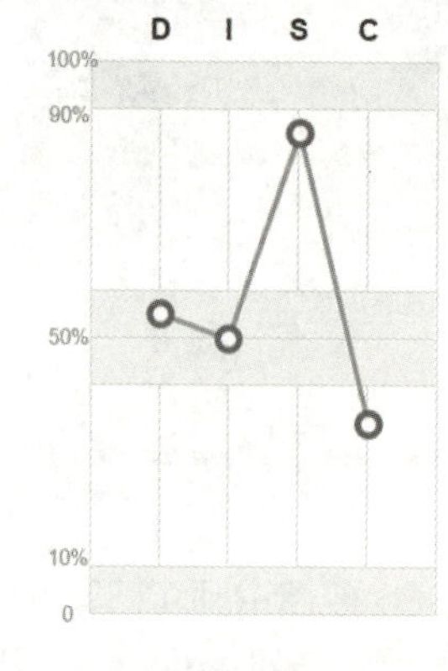


一叶一沙在压力下的行为变化

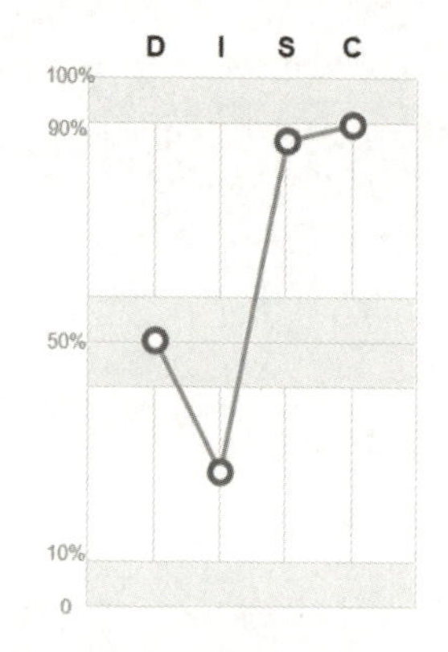


D-Dominance（掌控支配型） I-Influence（社交影响型） S-Steadiness（稳健支持型） C-Compliance（谨慎分析型）

S值较高，表明一叶一沙关注他人的感受和需求，善于从事重复的工作。在压力下，C值提升、I值下降，表明压力下她会变得更加务实，会花更多时间进行规划并严格按照计划执行。

# 最爱两朵“花”

我是一叶一沙，是一名 HR，也是国家二级心理咨询师、注册投资咨询师、财富罗盘领航教练和心理教练。双重教练的身份，让我既可以陪伴来访者走出情绪低谷，也可以陪伴小伙伴们赚到更多钱。我的梦想是陪伴大家拥有富足又快乐的人生。

想要拥有富足又快乐的人生，你只要有两朵“花”就够了，你知道是什么吗？一朵叫有钱花，一朵叫随便花。亲爱的朋友，你也想要这两朵“花”吗？想的话，我们又该怎么做？

## 有钱花

先说说如何才能有钱花。

先讲一个关于钱的故事，背景是在美国大萧条时期，写故事的人是个小女孩。她说，每周爸爸发薪水的那个晚上，吃完晚饭，收拾完餐桌，妈妈都要当着全家人的面，把所有的钱摊开放在桌上，安排下一周全家人的餐费、孩子们的学费和托管费，如果有剩余的钱就用于其他开支。一天，因为没有多余的钱，只能让孩子把修过好几次的旧鞋子再送去补一补。哥哥姐姐说自己可以去做家教，去送报纸兼职赚钱贴补家用。妈妈欣慰地笑了，神秘地说：“太好了，这样我们就不用去动银行里的存款了。”

故事里的妈妈仔细筹划全家人的开支，每一周都过得紧巴巴的，但每一周都想办法渡过了难关，一直没有去银行取钱。那一笔神秘的银行存款，在作者的童年给了她面对艰难生活的信心，让她相信贫穷只是暂时的，家里并不缺钱。

而当她成年以后才知道，妈妈这一生从来没有进过银行，所谓银行存款只是妈妈为了鼓励大家而编出来的一个善意的谎言。

这个故事给我带来两点启发：一是贫穷的时候要量入为出，开源节流；二是相信自己拥有财富，和实际上拥有一样有效。

很多人说，理财课程上过不少，学过很多，就是做不到。理财其实也是一种技能，需要刻意练习。生活不能“倒带”，游戏却可以重来，财富罗盘这个游戏就是专门为提高普通人的财商而设计的，既有趣，又有用，经常玩一玩，有助于提高自己的财商。比如，如何提高收入？游戏中指出以下路径。

首先要干好本职工作。

本职工作是立身之本，只有珍惜现在的工作机会，才会有源源不断的现金流入。无论你是为自己工作还是为公司工作；无论你摆个摊卖早点，还是站柜台卖衣服，都要对给你钱的人心怀感恩，努力做好每一件事情。

企业中所有人都在一条船上，只要有一个洞在漏水，无论这个洞在不在你的脚旁，船最终还是会沉的。如果公司倒闭，40～50岁的员工可能是最惨的，遣散费根本不够维持基本生活。年轻人可以重新开始学，40～50岁的人就会遇到困境：年纪大了，体力不如年轻人，合适的工作机会很少；平时疏于学习，没有新的技能；孩子要读书，父母又年迈，开支大增。他们陷入困境的遭遇值得同情，但更让人惋惜的是他们没有珍惜时光、提升自我。

所以，一定要珍惜工作机会，珍惜职业生涯，要么让老板看见你为企业创造了多大的价值，要么让行业认可你的职业能力，具备选择老板的能力。

全力干好本职工作，无论是对现在的收入还是对未来的收入，都是非常值得的一笔投资。

其次要尽早学习理财。

初入职场的人，工作上需要投入的时间相对较少，业余最好多花点时间去读书学习，既可以学习专业知识提高职业能力，也可以考虑学习投资理财。

理财不是有钱人的专利，普通人因为赚得少才更需要学会用钱来赚钱。有人说，理财是人生最后需要学习的一门课程，既然迟早都要学，为什么不早点学会，早点让自己有“躺赚”的能力？

2021 年第七次全国人口普查数据显示，我国 65 岁以上老龄人口占比达到 13.50%，预计到 2022 年左右，中国 65 岁以上人口将占到总人口的 14%，中国即将进入老龄社会。你知道你退休以后会面临什么吗？

看看比我们先进入老龄社会的日本，可以预想一下我们的未来。1994 年日本老龄人口比例就超过了 14%，现在老龄人口已超过 20%。国际劳工组织建议养老金替代率最低标准为 55%；世界银行组织建议，要维持退休后的生活水平不下降，养老金替代率不应低于 70%。根据 2021 年 7 月的数据，中国目前养老金替代率大约只有 40%，并且逐年走低。目前日本的养老金替代率高达 64%，还有众多食不果腹的老人，我们的未来会怎么样？

发展心理学中有个关于职业生涯的心理曲线：如果能够在人生起伏的相对高点退休，晚年的幸福感会比较高；如果在人生低谷退休，退休后的失落感会更强烈。

以此类推，一个人在晚年时积累的财富处于一生中的高点，他对这一生的感觉会是富足的；如果处于人生财富的谷底，贫病交加下，他的痛苦会被放大数倍。

退休以后，我们即使有工作能力，也不等于我们一直会有工作赚钱的机会。那么养老金与目前生活水平的差距，用什么来弥补？理财收入可能就是最好的选择之一。

根据复利的原理，越早开始投资理财，你的复利收入就会更多。年轻时投资也可能会被骗，但是总结经验，一定会有机会赚回来；不要等到老了以后，因为没有理财的经验，被各种“投资项目”骗走一辈子的积蓄。

通过学习理财成为投资人，因为水平和资金的限制，前期的积累是非常缓慢的。打工人只能赚一两份薪水，只能用有限的时间去换钱。用时间换钱的人，只要不工作，就没收入。

有没有更好、更快的方法？有，那就是创新创业。普通年轻人要想快速致富，最理想的路径是为社会提供更有价值的产品和服务。多年在企业工作的经历，让我坚定地相信具备企业家精神的创业者，既能为社会创造价值，也能成就自己一生的事业、财富与梦想。

## 随便花

接下来讲讲随便花。

如果有几百亿，够不够随便花？相信大家都听过山西首富、全国第一民营钢铁厂继承人的故事，他短短数年败光百亿家产，还欠下数亿债务，被列入“失信名单”。随便花是一个看上去很美的选择，其实里面充满了陷阱，我来讲讲三种最常见的陷阱。

第一种是用非理性消费做心理疗愈。

你有没有花过一些冤枉钱？花的时候认为很爽，花完以后又后悔？我有个朋友外号叫服装收藏家，她曾经说，要是打牌输了钱，就去买衣服，反正钱也输了，不如去买衣服；要是打牌赢了钱，就更加要买衣服了，反正花的是别人的钱。还有人说，要是和爱人吵架了，就去大采购，买很多平时舍不得买的衣服和包包，买够了，心里也就舒服了。男人也会陷入非理性消费的陷阱。

经济学的古典管理理论中有一个经济人假设，指每个人都以自身利益最大化为目标。可是人很多时候是非理性的，会受情绪和直觉的驱使，甚至会被催眠和诱导，做出不理智的行为。

反腐教育电视专题片《零容忍》中贵州省政协原党组书记、主席王富玉痛心疾首地说：“我疯狂的贪欲登峰造极，但我不知道要钱为了什么！”被贪欲毁掉自己一生的人比比皆是，可见非理性状态对人生的破坏力有多大。

心理教练最拿手的技术就是陪伴普通人探索情绪的真相，通过深入了解自我，获得良好的情绪。为了自己的幸福人生，经常找心理教练聊一聊，是不是比非理性消费好得多？

第二种是被营销后的感性消费。

各种品牌营销常常会通过唯美的画面，引诱你通过购买超出你支付能力的商品，进入梦想状态。有的人节衣缩食几个月，只为买一个奢侈品包包、一个昂贵的电子产品。一旦拥有了它们，自己好像就成了广告中的主人公，又美又飒。

比节衣缩食更可怕的是贷款消费，很多不规范的“校园贷”让完全没有消费能力的大学生负债累累，逼得父母卖房还债的事件时有发生，有的人甚至付出了生命的代价。心理教练的信念体系和价值观，可以帮助你认清世界真相、远离幻象。

第三种是不知不觉的浪费，这是最隐蔽，也最常见的。

你有没有买过一整箱水果，来不及吃就坏了一半？有没有收了却没有拆的快递？有没有只穿过一次的衣服或从未翻开过的书？有没有办过健身卡、美容卡、游泳卡，却没去过几次？这些钱看上去不多，但你有没有算过这些钱加起来一共多少呢？

如果每天喝一杯 18 元的奶茶，20 年直接会喝掉 131400 元。如果用这个钱做个基金定投，假设平均每年收益率 10%，20 年后你的奶茶基金有 41 万以上！

除了以上这些看得见的“陷阱”，你知道还有哪些埋藏在冰山下的限制性信念阻碍你成为一个富人吗？我有一个朋友经营企业多年，一直赚钱不多。他用心理学中系统排列的方法探索过自己的内在与金钱的关系，他发现自己并不爱钱，甚至对金钱有恐惧感。用系统排列的方法了解自己与金钱的关系，需要有排列导师进行引导，还需要有志愿者配合，比较麻烦。

如果你也想更深入地了解自己与财富的关系，财富罗盘是一个很好的工具，不仅可以带你探索自己关于财富的限制性信念，还可以觉察自己的消费习惯，找到自己的投资理念中的盲区，甚至可以在游戏中体验大富豪的人生玩法。

有朋友在玩财富罗盘时发现，自己当白领，收入高，却总是抽到休闲卡，消耗了很多资金和机会，无法进入自己渴望的财富快车道。通过游戏，他顿悟到自己真实生活中的消费取向也是休闲为主，很少学习和理财。从此以后，他下决心改变自己的习惯，认真投入时间学习理财知识。现在，他已经获得了不错的投资收益。

资本市场上有句名言：你不可能赚到认知范围以外的钱。通过玩游戏，了解自己的非理性消费观念、不正确的投资方式，远远好过在现实生活中踩坑。其实踩坑还不算可怕，更可怕的是在人生中不断掉进同一个坑里而不自知。领航教练可以帮助我们发现自己在财富自由之路上的认知缺陷，不断改进认知和行为习惯，把握致富机会。

投资最怕的不是能力撑不起野心，而是心态撑不起野心。特别是在金融市场上，没有野心的人赚不到大钱；只有野心却没有平常心的人虽然可以通过杠杆赚到快钱，但是钱来得快的去得也快。

在财富罗盘游戏中，我们有机会体验人生的得失。财富罗盘游戏就像我们的人生，会有四种结局：富中之富、富中之贫、贫中之富和贫中之贫。"富中之富"的人，不但物质丰富而且富有爱心；"富中之贫"的人，虽然物质生活充裕，却吝于付出爱心，缺乏感情；"贫中之富"的人，就像大多数普通人，虽然物质生活不丰富，却充满爱心；"贫中之贫"的人最可怜，不但缺乏物质，也欠缺爱心。

在理财道路上，心理教练可以陪你洞见世间真相，持续保持良好的能量状态。

知足常乐、身体健康、收入大过支出的人生是富足的。被人爱也爱他人的生活是幸福的。若是活得像葛朗台，即使成为法国索漠城最富有的商人，人生也是一出悲剧。希望你拥有富足、幸福的人生。

通过财富罗盘领航教练和心理教练的陪伴，学习如何创造和拥有财富，保持良好的心态，可以为家人提供更好的生活，可以为这个世界创造更多美好的事物。

让我们一起，成为富有的长期主义者，当个有钱人，做个有情人，拥有人生的两朵“花”——有钱花和随便花！

# 吴元钦

DISC+授权讲师A13毕业生

境外理财顾问

澳门赌场经理

DISC专业讲师

扫码加好友

## 吴元钦 BESTdisc 行为特征分析报告

IS 型

DISC+社群合集

报告日期：2021年12月17日

测评用时：05分09秒（建议用时：8分钟）

**BESTdisc曲线**

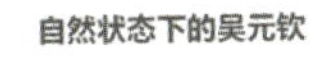

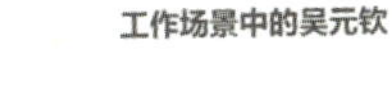

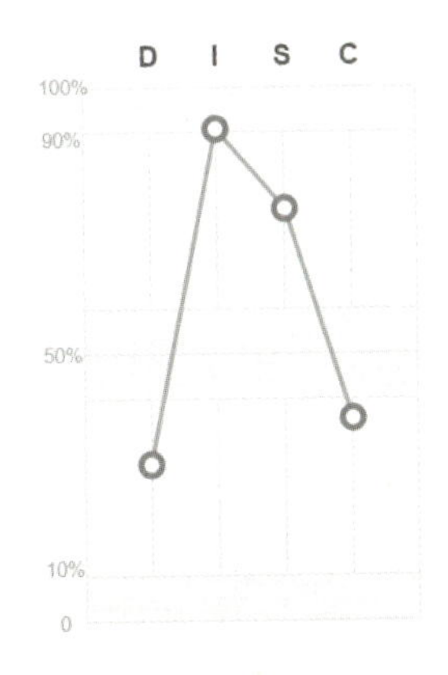


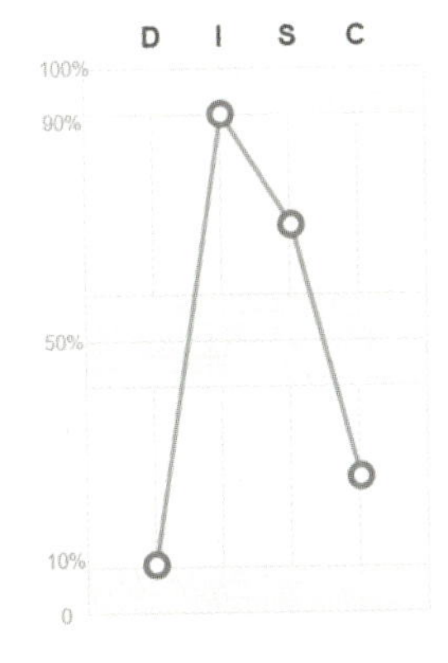


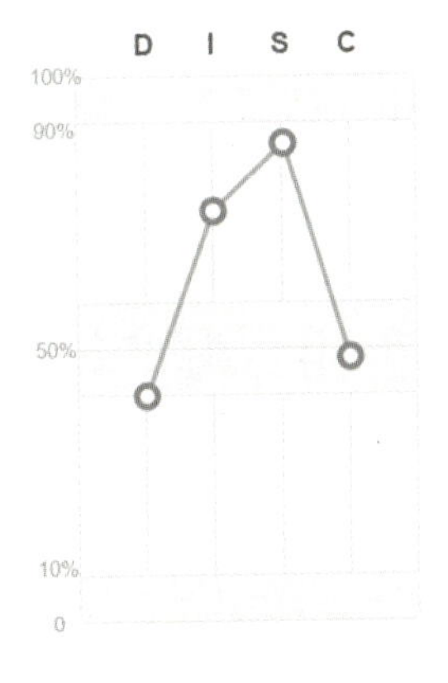


D-Dominance（掌控支配型） I-Influence（社交影响型） S-Steadiness（稳健支持型） C-Compliance（谨慎分析型）

I值、S值高，说明吴元钦既能创造轻松愉快的沟通氛围，又善于洞察他人的需要。工作中，吴元钦可凭借强大的社交能力、善解人意的特质，与团队成员保持良好关系。家人或朋友的支持和鼓励，是他突破障碍的动力。

# 生命中不可多得的Macao“钦”

我是吴元钦，对于我而言，生命像一场奇幻的旅程，我在旅程中不断突破，成就了今天的自己。

2000年，16岁的我随妈妈定居澳门。在这个完全陌生的环境里，我面临许多困难。

首先面临的就是语言问题。在当时的澳门，大多数人只会说粤语、英语，还有葡萄牙语，但听不懂普通话。为了尽快适应，我把港剧作为学习新语言的工具，用了两个星期克服了生存第一关——语言问题，顺利融入了澳门。

紧接着，我又面临新的问题——学费问题。澳门当时没有实施15年义务教育，读高中一学期的学费就要8000葡币，相当于9000元人民币。对于当时家境贫困的我来说，学费是一个大问题，我必须半工半读，减轻家庭的负担。

2001年，随着澳门立法会通过“博彩法”，几家美资公司进入澳门博彩业，这里也发生了翻天覆地的变化，很多年轻人甚至为了博彩而放弃学业。因为迫切希望减轻家庭负担，19岁的我高中一毕业，就跟随大部队进入了博彩行业。对于刚刚踏入社会的我来说，赌场工作充满了新鲜感，也让我对未来充满希望。

经过一轮地狱式的培训，我成为一名专业的赌场荷官。荷官每天工作8个小时，实行24小时轮班制，没有假期。在赌场工作的人很少有其他行业的朋友，我的休息时间跟其他行业完全是错开的，我在上班时，别人在放假。当时，我非常享受工作带给我的不同观感和体验，每天都可以接触不同的客人，听到不一样的故事。

在赌场工作的日子多多少少影响了我的价值观、金钱观。我见证了太多人一夜致富，自己也怀揣着一夜致富的幻想，拿着每个月一万多块的薪水在赌场度过了两年。直到我遇见一个老荷官，他在赌场工作了三十几年，他告诉我，他以前有个同事跟我一样，浑浑噩噩度日，但后来又重回校园，并且成功转型。他鼓励我重回校园，找到自我。

在他的鼓励下，我第一次审视自己的生活，审视自己的事业，审视自己的人生。22 岁那年，我做了一个重大的决定，我决定再次半工半读，完成多年的大学梦。

我很感谢澳门给了我上大学的机会，在这里，你任何时候想再读大学都是可以的。经过一段时间的复习，我成功考入暨南大学，开始了梦寐以求的大学生活。当时我踌躇满志，一边工作，一边学习。

可好景不长，赌场轮班工作让我的身体健康受到了极大的挑战。通宵上班后，再去上课、做作业，每天只有两个小时的睡眠时间，几乎没有时间交朋友。最后，我带着遗憾放弃了我的大学梦。

随着澳门博彩业迅速发展，外资公司也越来越多，25 岁时我跳槽到另一家外资博彩公司，迎来了人生第一次升职加薪。我也通过朋友购买了人生第一份保险，这份保险在当时足够应付住院的需求，但在现在看来已经不能应付上涨的医疗费用。

在外资公司的几年，我再一次深深感受到学历的重要性。公司所有的管理层都必须会说英语，有限的英语水平让我显得比较弱势。“书到用时方恨少”是我当时的心情写照，我不止一次问自己为什么当初不把英语学好。

为了提高自己的英语水平和博彩管理专业知识，我报读了澳门大学博彩研究所的博彩管理高级文凭。在学习的同时，我认识了很多来自不同国家的博彩行业高管，我的眼界与格局不断打开。

2009 年，我再次跳槽到一间中外合资的公司，并且很快晋升为经理。

有一天培训部总监约见并告诉我："最近公司有个苏格兰爱丁堡的大学生计划，你有没有兴趣参与？"好学的我立刻答应了。5000 人争夺 15 个名额，我幸运地通过严格的面试和笔试，成了其中一员，再一次重温大学梦。

可没想到的是，大学生活又让我遇到了难关。第一个难关就是不自信，上第一堂课的时候，我才发现被录取的同学全部都是部门高级行政副总裁、部门总监和其他部门高管，我只是经理，级别最低。由于家庭环境，我内心其实一直很自卑，一个小小的经理，竟然要和那么多高管坐在一起学习，这让我有点胆怯。第二个难关就是全英语教学，这大大增加了我的学习难度。

十分庆幸的是，最后我凭着坚定的信念和不服输的精神坚持地完成了学习，完成自己梦寐以求的大学梦，顺利毕业的那一刻我如释重负。

学业的顺利不代表职业生涯一帆风顺。身边也有同事，学历比我低，资历比我浅，却比我晋升得更快，这让我百思不得其解。

在我最低落的时候，太太一直在我身边陪伴我、鼓励我。29 岁那年，我们拥有了人生第一套房子，拥有了第一辆车子；2013 年，我们的第一个孩子降生；2017 年，我们的第二个孩子来到了我们温暖的小家。

作为父亲，我要陪伴孩子成长；作为丈夫，我更要担负起家庭责任，我再一次反思自己的人生规划：我是否还要在赌场工作？而此时我已经无法在工作中收获乐趣，上班下班，度日如年，就这样白白耗费十几年的青春，我能得到什么？我现在还算年轻，可再过十多年，是否还有体力在赌场轮班呢？单身时觉得钱够用就好，可现在有了两个孩子，我需要给孩子创造更优渥的生活环境。

有一天，朋友问我，如果这条跑道发展不如意，或者是无法证明自己的人生价值，为何不趁年轻，换一条跑道看看，也许前途更远大、更光明呢？我太太也非常支持我，觉得我现在还年轻，应该出去闯一闯，看看这个世界。

34 岁，我毅然投入金融保险行业。从以前稳定的工作转换到做销售，很多人叫我想清楚。说实话，刚开始真的很不习惯，以前我按时间上下班，每个月天塌下来都准时领薪水。可现在是自负盈亏，所有的事情都要自己来。三十几岁转换一条跑道重新开始，需要很大的勇气。幸好，我的太太一直鼓励我，给了我很多支持，才让我拥有继续走下去的动力和勇气。

刚入新行业，由于以前的人脉积累，很多好朋友非常信任我，都过来支持我，也给我介绍了很多客户。如果没有这群好朋友，也没有现在的我，我很庆幸、很感恩今生能获得多位好友和客户的信任。

由于在赌场每天都需要接触形形色色的人，我能很快掌握客户的行为风格，根据每个客户的需求，为其量身定制方案，为他们提供更大的价值。也多亏以前在赌场工作的宝贵经验，我很快就适应了我的新职业，我从同事中间脱颖而出，获得了很多行业的奖项，并且晋升为经理，开始自己管理团队。

2019 年，我两岁的儿子发生的一件事，给了我很大启发。那时候我还在香港培训，儿子发烧了，一直高烧不退。作为保险代理人，虽然我对儿童疾病有一定了解，但儿子一直高烧不退还是让我担心。一开始诊断是肺炎，但用了最强的抗生素依然高烧不退，医生怀疑是其他疾病，做完心脏 B 超后，医生确定高烧是心脏冠状动脉扩张引起的，原来儿子得了川崎病。

身为保险从业人员，我非常清楚川崎病，它是一种严重的儿童疾病。那一刻，我非常震惊，毕竟这种疾病的发病率并不高。幸好及时发现、及时治疗，医生给儿子输免疫球蛋白，输了七八小时，儿子的烧退了。后续儿子还需要服用抗凝血剂，并接受长达半年的观察。经过半年时间，儿子终于完全康复了。

儿子住院 10 天的医疗费高达 8 万多。庆幸的是，在他一出生，我就跟太太给他购买了一份重大疾病险和医疗保险，所以这次生病的医疗费用得到了全额赔偿。从那一刻起，我更加相信保险，相信它所带来的保障。之后，我也为自己购买了两份保险，为我跟家人以后的医疗以及我退休后的生活提供保障。因为，没有人能预测明天和意外哪一个先来，我们只有保护好自己，才有余力保护家人。

近年来，随着粤港澳大湾区发展规划的落实，澳门成为大湾区的核心一员。我决定来内地学习金融知识。我非常幸运地遇见一位贵人——李海峰老师，他是 DISC 社群联合创始人，他教会我怎么成为别人的贵人。

在他的影响下，我学会了 DISC 行为分析，更深入地了解了自己，也能迅速地挖掘别人的性格特质并顺利与其建立良好的人际关系。我利用 DISC 为客户服务，为客户创造价值。

2020 年以来，保险行业得到了越来越多的关注。身为一名职业保险人，我想说一句发自肺腑的话：不要因为恐惧而乱买保险，但也不要因为偏见而拒绝保险。

基于经验和专业，我拥有自己的团队，我和我的团队怀揣着我们的梦想，一起在金融保险行业前进。

这就是我的故事，我在人生旅程中，不断发现，不断收获惊喜。我是吴元钦，祝愿各位平安喜乐！

# 第三章

# 成长有方

# 成长有方篇

## 1 梦想“工作化”和工作“梦想化”

作者：刘静

用工作化对待梦想
让梦想落地
用梦想化工作
耐得住寂寞，经得起考验

## 2 野蛮成长，一路狂奔

作者：马玉娟

织茧，等待一次展翅
单向吸收-联机式学习-辐射式学习
化蝶，飞向更远蓝天

## 3 从三线城市到北美名校MBA，你会为目标坚持几个十年？

作者：达因达姐

只要有合理的目标
科学地管理目标
你一定可以实现自己的梦想

## 4 爱自己所想爱 行自己所想行

作者：郑文华

优雅仪态是照亮人生的光明灯塔
光出现的地方
黑暗就不会存在

## 5 助力成长-打通人生不同应用场景的“中医”咨询与培训

作者：陈炫依

咨询与培训
赋能与陪伴
人生是一个有机体

# 刘静

DISC+授权讲师A8毕业生

在职中学教师

“博观约取”公益读书会发起人

《名著全程导读》思维导图绘制者

扫码加好友

**刘静 BESTdisc** 行为特征分析报告

**SCI 型**

**DISC+社群合集** 

报告日期：2021年12月06日

测评用时：07分21秒（建议用时：8分钟）

**BESTdisc曲线**

自然状态下的刘静

工作场景中的刘静

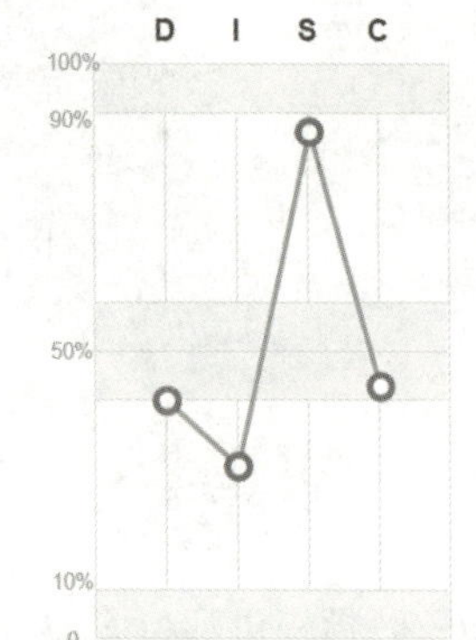


刘静在压力下的行为变化

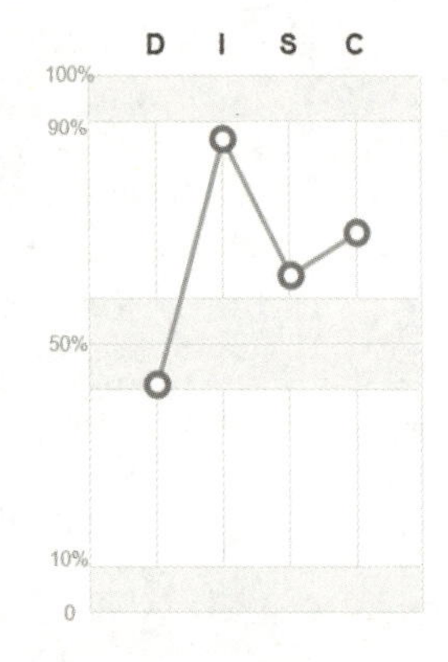


D-Dominance（掌控支配型） I-Influence（社交影响型） S-Steadiness（稳健支持型） C-Compliance（谨慎分析型）

D 值相对较低，表明刘静在工作和生活中态度温和，不会把自己的想法强加给他人。自然和工作场景中 S 值较高，说明她是一个倾听者，能够照顾他人的感受和需要。压力下 I 值明显升高，说明压力下刘静会更加积极主动地表达自己的想法，展示自己的说服力。

# 梦想“工作化”和工作“梦想化”

生而为人，我们至多拥有三万多天的时间，梦想“工作化”和工作“梦想化”是对生命的负责和尊重。

在聊梦想“工作化”和工作“梦想化”之前，我们要有梦想、有工作，否则这个话题毫无意义。

## 梦想“工作化”

我是一名中学老师，在每学期一开始，我都会让学生写下自己的梦想，统一贴到班级的梦想板上。我也会提醒他们，千里之行，不该是始于足下，而应该是始于远方。

如果你没有目标，就像缺少航舵随波逐流的小船，无法决定前行的方向。孩子们的梦想有小有大，小到能考上心仪的学校，大到改变世界，有的希望从事心仪的职业，有的希望能赚很多钱。对每个孩子的梦想，我从来不去做评判，因为梦想是他们对于生命的渴望，是值得他们奋斗的方向。在没有深入了解之前，任何人都没有资格去嘲笑他人的梦想。我只想提醒，我们可否为自己的梦想学习?

与此同时,我也反躬自问:我的梦想是什么?是否能做到为梦想而工作?这样才好谈梦想“工作化”的问题。

梦想对于小孩子来说,往往是个简单的问题,但是对于成年人来说,在残酷的现实中摸爬滚打久了,他们的梦想往往就退居二线或销声匿迹了。庆幸的是,我的梦想还在,且有很多:开个高品质家庭教育咨询公司、组织万人读书会、写本专著、创建海月弟子圈、开个未来家庭工作室……但我是一个S、I特质突出的人,目标明确,效率很低,容易受他人影响,总是拖延。如果没有把梦想“工作化”,我的这些梦想可能就随风而逝了。

那么,梦想怎么工作化呢?梦想“工作化”的前提是本人必须相信它可以实现。如果你有一个梦想,但连自己都不相信会实现的话,那它就只是空想、白日梦,甚至是自我解嘲的玩笑而已。真正的梦想应该是自己对未来的期望,是依据现有条件可能实现不了,但通过努力和坚持就可以实现的目标。

既然坚信梦想能够实现,那就要工作化地对待它。具体而言:

第一,要有格局。

伟大与平凡之间,差的往往就是境界格局。对梦想进行长远规划,你就会胸怀大局,放眼长远,不贪一时之功,不图一时之名,不被一时一地的挫厄不利所困,不被各种琐事耽误。不计较、不比较,获得心灵的超脱与自由。要坚信:人生不是得到就是学到,经验与教训都是兑换美好未来的筹码。

第二,要有计划。

除了长远的规划,更要有短期的日程安排。分阶段、具体、有条理地安排日程,强调为梦想而付出,不断精进,不断突破。每天给自己定一个小目标,让自己知道每天要做什么,严肃、严谨地对待这些小目标,因为“不积跬步,无以至千里”,这些小目标是达成大目标的阶梯。

第三,要有执行。

执行力的强弱拉开了人与人之间的差距。那种梦里走了很多路、醒来还在床上的人,别说是他人,连自己也会厌弃。梦想需要毅力支撑,在许多人都嗤之以鼻、摇头咂嘴的时候，你要做的就是持续不断地努力，要能下得苦功夫，求得真学问。在梦想与工作之间，互相赋能，不断超越自我、增强本领。

第四，要有团队意识。

因为工作需要打配合、做组合，达到 1 +1 +1 >3 的效果，因此，在工作时，我们要灵活转变自己的角色，有的时候是目标的制定者、全局指挥者和管理者，有时是上传下达、左右配合的连接者，有时是热情高涨的激励者，或是善解人意的支持者，甚至可能是严谨细致的分析者……这要求我们灵活调用 D、I、S、C 四种行为特质。

只有这样，梦想才可能落地，梦想才会有价值，有意义。

## 工作“梦想化”

说完了梦想“工作化”，再来谈谈工作“梦想化”。

工作“梦想化”，其实是一种长期保持激情、高效率的状态，这也是我在工作中最追求的一种状态。在这种状态中，我能够沉浸工作中而觉察不到时间的流逝，多美！

那么，怎样工作“梦想化”呢？

第一，所做的工作是自己接纳的，最好是“悦纳”的。

这就需要充分了解自己，知道自己想要什么，明白别人的意见仅是参考。就像小马过河的故事，松鼠说河水深，会淹死，老牛说河水浅没问题，它们都没错，只是小马没主见，不了解自己，所以就不知所措了。所以，选择自己心仪的工作得有自己的标准。

就像我，原来不是做老师的，而是外贸公司的职员，工作跟自己的梦想有些距离，我就毅然决然地辞职，重新考师范专业，并顺利成为老师。现在我做着与梦想有关的工作，并乐在其中。

我完全没有“家有半斗粮，不做孩子王”的感触，在我看来，面对活泼可爱、生机勃勃的青少年，比面对没有生气的机器强多了。更何况，当老师，可以满足我喜欢读书的爱好，有大把可自由支配的时间，多好！

但是，对于工作不是自己想要的，却暂时需要它来维持生计的朋友来说，如何对待当下工作呢？可以借鉴《第二曲线》，先把本业做好，再去开创第二曲线。

有句话特别在理：问题不是问题，如何去看待问题才是问题。也就是说，如何看待工作特别重要，有人把工作看成谋生的工具，有人把工作当作升官发财的通路，有人把工作看成精神与情感的寄托。我觉得，工作“梦想化”，就是在爱自己，让自己在有意思、有意义中的工作乐而忘忧，心甘情愿地为心仪的工作付出精力与时间。

这让我想到现在正在举办的“博观约取”家校名著共读公益读书会。带着很多人一起读名著是我一直以来的梦想，一开始，我一个人带着自己班上的部分学生读，后来越来越多的家长、同事、网友加入，如今，仅导读老师就有 20 人，伴读志愿者已经有 60 多人了，而且还在不断增加，参与共读的学生家长数量也与日俱增。

我们的生命是有限的，但我们可以通过阅读跨越时空，去吸取我们未曾切身经历过的经验，体会他人的人生经历，构建我们的精神家园。

跟一群志同道合的人做事，悦己达人，让我收获了满满的幸福感，这就是我的梦想化工作呀！

第二，所做的工作是有未来、可持续的。

工作“梦想化”，除了工作是自己“悦纳”的之外，还必须是有未来、可持续的。有意思、有价值、有意义，而且有未来、可持续的工作，可以让我们充满希望、心中踏实；可以让我们积极地面对考验，用开朗、坦诚与和善的心态去接受挑战。相反，无前景的工作会耗损人的精神，使人堕入消极闭塞、萎靡不振的境地。

第三，所做的工作能够发挥自己的优势。

我去办读书会，就是在发挥我的优势：我喜欢看名著，为三十多部中学教科书规定阅读的名著绘制过二百多幅思维导图；我主持过两年市级名著导读序列化课程课题研究，还参加过国家级名著全程导读研究；带领17个中学生做过一年的视觉名著课题研究；曾在两所名牌中学任教，结识了很多积极能干、有情怀、肯付出的同事；我是DISC社群参与者，这里有很多老师、同学，我能在这里获得爱与支持；我还有家人、闺蜜、老同学们、学生们……

个人的能力是有限的，但是，我相信只要目标在，路就不会消失。我相信同频共振，相信吸引力法则，相信心怀善念，好事就会发生，梦想就会实现。

有梦想的人，永远对未来怀有无限的浪漫。稻盛和夫在创业时，把自己称为做梦的“梦夫”，让自己的心灵保持年轻。我们应该努力描绘美好的梦想，用这样的态度来度过每一天。生活不会一帆风顺，但积极地面对生活，会让我们获得充实感、新鲜感。只要在人生的蓝图上，不断描绘梦想，积极地对待生活、追求梦想，那么我们的人生，肯定是美好的、值得度过的。

工作化梦想，让我们的梦想落地，实现我们生命的意义；梦想化工作，让我们在披荆斩棘时，耐得住寂寞，在风生水起时，经得起考验。

最后，一个人最好的状态是什么样子呢？我以马未都的话与大家共勉：“眼里写满故事，脸上却不见风霜。”希望我们每一个人，面对生活，笑意盈盈，自信温和，不羡慕谁也不嘲笑谁。

# 马玉娟

DISC双证班F75期毕业生
高级企业培训师认证讲师
“三顾书舍”联合创始人
国际演讲俱乐部主席

扫码加好友

马玉娟 BESTdisc 行为特征分析报告

CDI 型

DISC+社群合集

报告日期：2022年02月18日

测评用时：04分21秒（建议用时：8分钟）

BESTdisc曲线

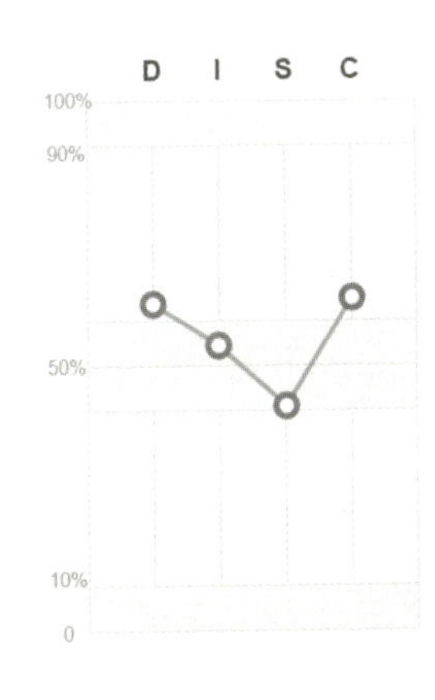


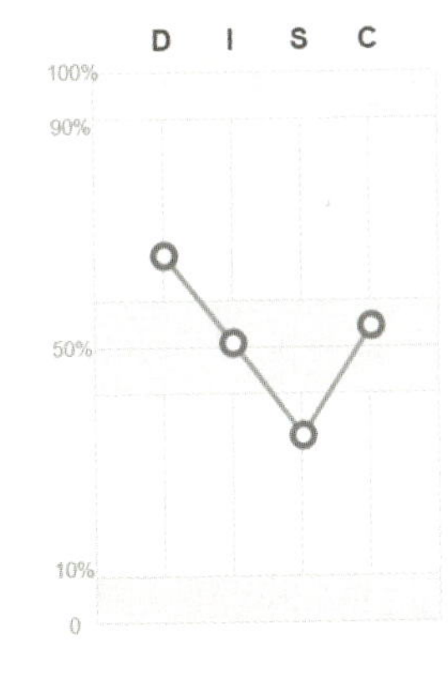


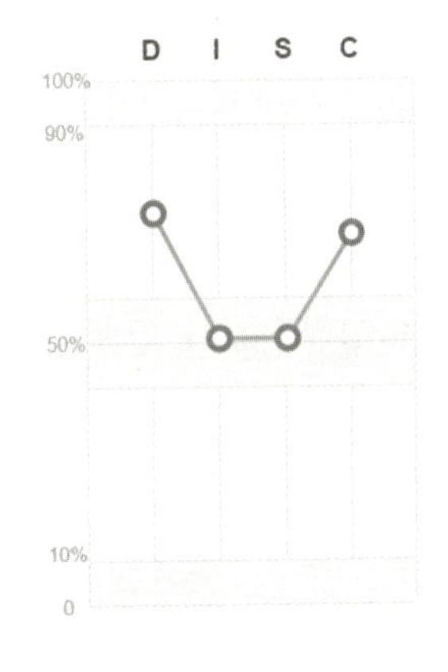


D-Dominance（掌控支配型） I-Influence（社交影响型） S-Steadiness（稳健支持型） C-Compliance（谨慎分析型）

D值高，表明马玉娟聚焦目标、关注结果，善于推动他人或组织达成既定的目标。在压力下，D值、S值、C值均有所提升，表明马玉娟面对压力时，更聚焦结果，关注他人的感受，注意工作细节。

## 野蛮成长，一路狂奔

你想过花时间成长吗？你会通过什么方式成长呢？对你来说，最好的成长方式是什么样的呢？

我是马玉娟，一个满身能量，不断燃烧自己，逼迫自己野蛮成长的女孩。从毕业到现在，成为小有成就的培训师，我只用了4年时间。对我来说，成长最好的方式就是学习，通过读书、听书、写作、演讲、参加课程、报培训班等一系列学习推动自己不断成长。

我的成长过程并不是一帆风顺的，我想和大家分享我如何用4年时间，野蛮成长、突破圈层，跃迁为演讲以及个人成长教练的故事。

### 织茧，等待一次展翅

我如同破茧而出的蝴蝶，织好厚厚的茧，只为最后的展翅。这个过程，充满曲折，但好在我坚持下来了，于是我看到了希望。

2017年年底，我经历人生的第一个大低谷。大学刚毕业，一直和我们住在一起的叔叔被查出肝部肿瘤，我离职陪护叔叔住院做手术。近3个月过去后，叔叔终于康复，但手术费用和住院开销花掉了我全部积蓄，我为此激活了人生的第一张信用卡。

我开始重新找工作，可刚毕业又没有工作经验，谁要我呢？面对入不敷出的窘境，为了减轻开销，我选择了背井离乡，去合肥。合肥对我来说，是一个既熟悉又陌生的城市。熟悉，因为它是家乡的省会，我曾经来过一两次；陌生，是因为我从未在合肥久居过，在这里人都不认识几个。

同时面对工作和生活的困境，我告诉自己，你要坚强走下去，最好的方式就是学习和成长，只有自己强大了，长出坚韧的翅膀，才不会感到无助和受挫。我开始改变，通过学习，让自己不断成长。

我成长的第一个学习阶段是单向吸收。最开始，我读书，读名人传记、各种畅销书、有关思维和逻辑的书籍，去学习了解名人的优秀品质和他们看待事物的方式，学习优秀人物的思维和沟通方式。然后，我又参加了各种读书训练营、购买得到和樊登的年卡会员。随着阅读的深入，我的思维也在不断变化，看待事物的角度有了改变，看待事物的高度有了一定的提升。我开始尝试写文章，写读书心得，在公众号、简书上发表文章。尤其是在简书平台上，我曾坚持 250 天日更，输出文字 15 万字。

这个阶段仅仅是单向吸收，主动吸收知识，感受不是特别深刻，也没有得到多少反馈。自我读书学习，无法突破更高的瓶颈。

我成长的第二个学习阶段是联机式学习。在我想突破瓶颈，找到输出的路径的时候，我阴差阳错遇见了头马俱乐部（toastmasters club）——一个国际公益演讲组织。它包容开放，任何人都可以加入，参与者们极度开放、勇于上台，大家自由地即兴演讲、备稿演讲。我发现演讲和表达能克服读书学习不知如何输出转化的痛点，这让我茅塞顿开。俱乐部有一句口号：教就是最好的学。和别人沟通交流，并得到反馈，真是太棒了。我几乎每个周末都参加演讲俱乐部活动，至今已参加了近 400 场。

我一边感受联机式学习带来的快感，一边寻求新突破，参加各种高阶社群，也开始付费学习。我加入了合肥的各种俱乐部，包括 AACTP（美国培训认证协会）培训师俱乐部、培训经理人俱乐部、拆书帮、运营社……只要与培训相关，我都积极参加。各种社群活动，为我提供了和各领域高手进行思维碰撞的场所。

参加过 DISC 认证班后，我对付费认证产生了浓厚兴趣，一发不可收拾地开始各种认证，并成为 DISC 双证班认证讲师、高级企业培训师认证讲师、AACTP 复盘教练等。

通过一阶段的学习，我的演讲和表达能力不断提升，人也更加自信了，我成为当时公司中讲解能力数一数二的人，还代表公司参与大型投标。

联机式学习，让我更深刻地理解了那句话：一个人可以走得很快，但一群人可以走得更远。

之后，我又开始思考真正的输出，进入了学习的第三阶段。

我成长的第三个学习阶段是辐射式学习。学习了那么多课程之后，作为一名培训师，我感受到实战培训的重要。于是，我开始自己做分享、做线下沙龙，去影响更多人，我成了本地头马演讲俱乐部主席，负责整个俱乐部的运营，也担任导师和教练。我开始运营自己的社群，开通了视频号，慢慢打造个人 IP 和影响力，我想要为更多人赋能，成人达己。

在辐射式学习阶段，我报名参加了培训界的奥斯卡“我是好讲师”大赛，拿下安徽省初赛第一名、全国 30 强以及全国最佳课件奖。2021 年，我担任了“我是好讲师”大赛安徽赛区评委。

作为上市公司的企业培训师，我全面协助业务经理，带动新人、老人、主管不断成长。我负责的业务线合肥电销中心拿下公司 2021 年度全国事业部销售业绩第一名，我成为全国优秀企业培训师。我终于把茧织好，幻化成蝴蝶。

## 化蝶，飞向更远蓝天

回顾这几年，我从单向吸收，到联机式学习，再到辐射式学习，一路成长，一路蜕变。我希望把我的能量带给更多的人。我希望有这样一个社群，社群里有演讲很厉害的人，有写作和培训很厉害的人，当然还有个人成长突破很成功的人，他们能带给组织更多的能量，能协助大家从多个方向和维度成长，让大家在组织的陪伴下成长。

我和头马俱乐部好友大白（冯志群）、陆游（纪璐璐）一拍即合，我们决定一起打造一个这样的学习型组织。基于相似的培训、学习、个人成长经历，我们筹备创立了“三顾书舍”。

作为合肥学习圈子里面的活跃分子，我们3个人有着丰富的学习型社群的运营经验，我们做过演讲实战辅导，辅导学员赢得过微课比赛华东区域冠军，至少坚持了3年的写作和读书，这些成长经历都是非常宝贵的财富。

大白在金融行业有着十几年经验，擅长系统化思考。他曾做过一个50多人的读书群，坚持早起读书200多天，输出200篇读书笔记，在读书学习方面有很多经验。陆游是一位深耕培训的组织发展专家，擅长写作，曾坚持1000天连续写作，也擅长个人规划。我是知名互联网公司内部的资深企业培训师，擅长培训以及演讲。我们相信，这个铁三角，会为大家创造成长的价值。

“三顾书舍”建立后，我们开始招募会员，举办各种线上线下读书会以及工作坊、沙龙。社群急速发展壮大，我们设立了线下图书馆，发起线上读书打卡活动，形成组织的价值输出。

我相信这样的组织，一定能给想要成长、蜕变的人，带来资源和力量。因为那些成长的路，我都走过。我痴迷于成长，也享受过成长的快乐。从单向学习，到联机式学习，再到辐射式学习，我慢慢成就自我。学习真的会上瘾，因为未来的自己有多优秀，你永远未知。

一个同学说：“‘三顾书舍’真好呀，我之前买的书放在那里都落灰了，正是因为‘三顾书舍’举办的读书会，我才把它拿起来看了，也学了很多东西。读书之后还要和大家分享，我读完之后马上输出，感觉特别棒，真正把读的书运用到生活和工作中，把书本的知识和方法运用起来。书读了，也做到了真正的输出。”我听了，真的好开心，更坚定了带着“三顾书舍”走下去的决心，我希望它影响更多的人。

我常常在想，“三顾书舍”最终会走向何方？铁三角的学习经历究竟能达成什么样的结果？“三顾书舍”的成员们，每年做一次分享，分享自己的目标，分享自己做的事情。有个刚入行的小伙伴说：“我希望 5 年后，自己成长为培训领域的专家，有自己的版权课程，并成长为优秀的职业讲师。”我想象着，10 年后，我们又见面了，大家一起回顾自己的愿望和目标是否都实现了，那个小伙伴高兴地和大家分享：“我的目标都实现了。”

我希望 10 年后，“三顾书舍”有超过 100 万的会员，至少有 1 万人因为加入了“三顾书舍”逐渐发光，成为相关领域的大 V、名人。

如果你是一个职场新手，相信你一定希望通过学习，让自己不断蜕变；如果你爱好读书，你肯定也想学习其他人如何读书；如果你是培训师，你肯定希望个人的培训成长路径更清晰。如果你也希望找到成长方式，“三顾书舍”欢迎你，因为这里一定会成为你成长轨迹的起点，引导你形成更清晰的成长规划。期待你和我一起对自己进行投资，和我一道成长。

关于我的成长故事，还有很多说不完的话，道不尽的坎坷。

这一次，我希望和你一起努力，一起学习和成长。

我们一起读书，一起写作，一起演讲，一起分享，一起成长。

一个人可以走得很快，但一群人可以走得更远。

# 达因达姐

DISC+授权讲师AD毕业生

目标管理专家

扫码加好友

达因达姐 **BEST** 行为特征分析报告

ID 型

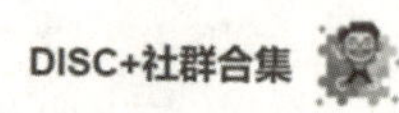


报告日期：2020年05月02日

测评用时：5分22秒（建议用时：8分钟）

**BESTdisc曲线**

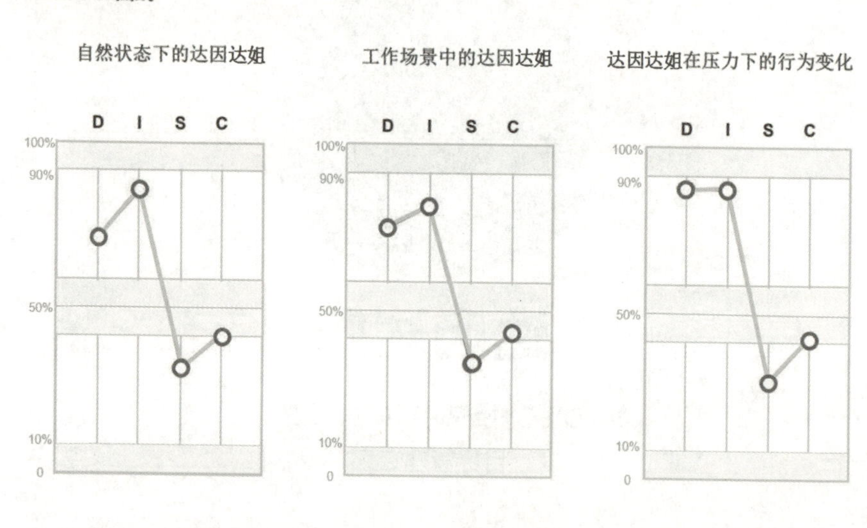


D-Dominance（掌控支配型） I-Influence（社交影响型） S-Steadiness（稳健支持型） C-Compliance（谨慎分析型）

I 值、D 值相对较高，表明达因达姐做事效率高，善于通过表达的方式影响他人；目标感很强，一旦确定目标就立刻行动。压力下 D 值、I 值升高，表明面对压力时，她更加聚焦目标，善于通过说服的方式，达成目标。

## 从三线城市到北美名校MBA，你会为目标坚持几个十年？

很多人羡慕我，在两年半的时间内，实现了生娃、读完MBA，成功跨界创建了达因目标学院，带领全球万名学员设定年度目标，帮助数千名学员达成目标、百名学员探索到终身使命，大家纷纷叫我“能量爆棚的目标管理专家”。

我出生在三线小县城，小时候其貌不扬，黑黑胖胖，非常自卑。我曾经想要通过努力学习，改变命运，然而高考失常，没勇气复读，考研失利，刚毕业就失业。但我用十年，实现从三线县城到北美名校MBA的蜕变。我想告诉大家，只要有合理的目标，并且科学地管理目标，你一定可以实现自己的梦想！

实现目标和能力的关系，并没有那么大。有些人坚持下来了，就实现了目标。我就是那个傻傻地坚持的人。

### 不放弃，就有新的开始

当年高考，我挤独木桥失误，没有勇气复读，在懵懂和挫败中，开始了大学生活。幸运的是，大一时我遇到了人生中第一个榜样和导师——我的英语老师。她和很多老师不一样，上课时，她喜欢和我们分享去过的地方、见过的人，以及曾经在外企工作的经历。因为她，我决定做一个像她那样“不一样”的人。

考研失利，我面临毕业就失业的困境，但我没有马上工作，而是搬到上海，在梦想中的大学复旦大学旁边租了一处房子，再次备考。

我一边备考，一边思考：什么是我想要的？我没想出来。于是反向思考：什么是我不想要的？我的同学毕业后，大多从事研发和销售工作，可我不喜欢做实验，也不喜欢做销售，考研还有意义吗？没有！我果断放弃备考，开始找工作。去做食品营养师、设计师，还是采购员？在纠结择业之路时，大学时的成就事件——创业大赛给了我方向。

我跟同学参加创业大赛并获得了江苏省第三名的好成绩！从找学设计的姐姐帮忙设计 logo，到带领队友不断头脑风暴，出新方案，再到现场讲演，整个过程我自信又有激情。我从小学到大学一直是班上的宣传委员、学生会的宣传部部长，我开始有了新的想法：我是不是可以去做一些宣传策划的工作呢？

就这样，我在上海找到了第一份工作，很小的公司，每月工资 2000 元。我遇到了工作中的第一个贵人，那个没有嘲笑我的无知、坚持把我招进公司做助理的市场总监。两年后，我从市场总监助理升职为助理品牌经理。

在上海过上小白领的生活，很多人已经心满意足了，可我仍然记得，心中那个“不一样”的自己。我希望去国外学习生物，体验异国他乡的生活。现在，我做了喜欢的市场工作，我还能出国吗？

其实我早就报名英孚学习英语，走上了终身学习的道路。在英孚，我接触到商科的概念，经过不断探索，我确定了自己的目标——跳槽到大公司，积累经验，继续提高口语。工作第三年，我加入国内知名的快速消费品公司，成为一名产品经理。我如饥似渴地在这个大平台中学习市场策略、产品策略、品牌推广和销售策略，思维有了很大提升。

工作第四年，我被调到新团队负责新品牌的建立。这是机遇也是挑战，我遇到了很多贵人。我和我的团队用一年时间做到了公司前五。三年，我们建立的品牌成功上市。

工作再忙碌，我也没有放松对梦想的追逐，反而找到了清晰的路径。参加了几场 ChaseDream 论坛的 MBA 申请分享后，我明白了下一步要走的路——去国外读 MBA，全面学习商业知识。

在英孚的学习结束后，我加入了头马演讲俱乐部。最初是为了锻炼口语，为将来出国深造打下基础。误打误撞，我成了俱乐部主席，拯救了一个运作不下去的俱乐部，和一群有激情的小伙伴重新出发。

## 重新起程，让梦想开花

为了家庭，更为了梦想，30 岁，我选择了义无反顾辞职赴美。来美国后，以前准备的留学法国的资料用处不大了，人生迅速归零，我需要重新起程。

刚到美国，迷茫、困惑和落寞困扰着我。我幸运地遇到了女性公益组织 The Center for Women，我得到了一位女性导师和一个公益机构的实习岗位。我跟导师第一次见面，她就问我："你的人生价值在哪里？"我惊呆了，这就是我一直在思考的问题啊。在她的帮助下，我对人生越来越坚定，不再迷茫，我用目标管理的方法，不断提升自己。

我的目标管理意识始于大学毕业后，当时尽管每年都会写下年度目标，却总在年末盘点时发现完成率很低。在头马演讲俱乐部时，我坚持每日打卡，悟到了群里大咖们可以每天坚持的原因：有自己的人生目标。

隔年，我自创了完善的目标管理和自我管理体系，并不断地实践，2016—2017 年，我的目标完成率达到了 99%，2019 年到了 500%！

设定目标：实习，考试，申请学校。宝宝悄悄地来了，我的孕期反应很大，吐了5个月，吐得头晕眼花，只能卧床休息，以为申请MBA无望。

儿子出生当晚，我在产房提交了MBA申请，坚定的信念带来了结果：我被全美排名前十的匹兹堡大学一年制MBA项目录取了。

孩子三个月大，我就进入紧张的MBA学习状态，英语不熟练听不懂、课业繁重，孩子常常半夜哭闹使我无法睡整觉，可第二天还有三门考试等着我……

我擦干眼泪，咬牙坚持，用目标管理设定目标。最终，我用两年半的时间达成了生娃、读完MBA、成功跨界的目标。

## 人生全面开花

我来到美国的第1700天，好消息接踵而来：我拿到了工作签证、丈夫如愿以偿成为助理研究教授、我们开始寻找梦想别墅。

这一天的凌晨2点，我一边吃一罐7美元的午餐肉，一边写下了这篇文章。

回想1700天前，我们带着全部的积蓄，赴美追梦。我丈夫拿到一份offer，我们本以为他那份offer可以让我们过上还不错的日子，没想到，到超市一看，一罐午餐肉居然要7美元！我愣是没舍得买。

原来有很多隐性的费用，我们都没有计算过，比如网络费用，第一年是49美元/月，第二年居然涨价到79美元/月，电费、水费、燃气费和电话费等都是国内的n倍。善于计划的我们面对经济压力，只能选择忍耐。

第1700天，我只想吃一罐午餐肉，不是辛酸，而是为了回顾我们走过的苦日子，定定心，继续走我喜欢的苦日子。什么是苦日子？我想引用“社群之母"邻三月的说法:大多数人对吃苦的含义都理解得太浅了,穷根本不是吃苦,穷就是穷,不是吃苦。

我们带了积蓄来美国,而且我丈夫是有工资的,我是不是真的连一罐7美元的午餐肉都买不起?买得起。我想吃午餐肉只是一种情绪代偿,因为想念国内涮火锅的日子罢了。

刚到美国,很多人劝我赶紧做代购,我不是没有心动过。工作7年,我创建过品牌,开发过产品,热热闹闹的职场生活,就这么离我而去,我当然不甘心。但我没有马上去做代购,而是去做了调研,我发现自己对代购不感兴趣。我们带来的资金是为了追梦,我注重自我成长,不会马上把资金拿来做生意,我希望把有限的资源聚焦在自我成长上。代购非常忙碌,会挤占我的复习时间,我来到美国的首要目标是考上MBA,我需要聚焦所有精力,去实现我的梦想,我追寻十年的梦想。

整整两年半,我做到了延时满足。写MBA论文的时候,我探索并明确了个人使命:女性帮助女性。MBA毕业后,我就找到一份工作,半年赚回MBA学费。之后,我开始探索副业,一年半后月入六位数。

## 五年计划超额完成

来美国的第一个月,我和丈夫一起制订了家庭的五年计划。每年我都很认真地复盘调整。来到美国的第1700天,我们的五年计划超额提前完成!这让我感动得大哭。

很多人会高估自己在一年之内可以做的事情,低估自己在五年、十年之内可以做的事情。我用自己的经历告诉你,坚持十年留学梦,我实现了美国名校的目标;来美国制订的五年计划,也提前超额完成。

事实上，我的五年计划是设定了底线目标和冲刺目标的，复盘时，我惊讶地发现，我实现的目标比冲刺目标还要多！

经过十几年的努力，我实现了全面开花的人生，进入了美好的人生状态：家庭幸福，事业满意，收入增长百倍！

梦想：实现个人梦想，考上了北美前十的一年制 MBA，并顺利毕业。

事业：跨行转岗薪资翻了三番，进入新行业工作一年实现升职加薪，探索到职业甜蜜点。

家庭：从天天吵架到幸福美满，家庭五年计划超额达成，住进梦想别墅。

创业：成为目标管理专家，带领万名学员设定年度目标，帮助数千名学员达成目标、百名学员探索到终身使命。

越是急着达成目标，目标往往越难实现；越着急就越失望，越失望就越焦虑。现在很多人特别焦虑，就是因为太高估自己的短期目标，低估自己的长期目标。我最喜欢的一本书《精要主义》中有这么一句话：当你眼光放得长远，会目光清明。将眼光放长远，适当调整短期的期待值，使期待值接近实际能力，你会过得更加幸福。

将眼光放得长远，进行十年畅想，制订五年计划。五年后，你会为自己喝彩，十年后，你会活成你想要的样子。

## 达因，目标永远在路上

十二年前，我在学习物理课程时喜欢上了“达因”这个词。达因是力的最小单位，和人如此相像。人在宇宙中是那么渺小，我们不过是宇宙中的一粒尘埃，但我们可以脚踏实地，做好每一件小事，让生命更有意义。

目标是通往梦想的唯一途径。当实现了多年的梦想，重归校园的那一刻，我终于明白，梦想是可以通过努力、通过目标管理实现的。终点才是起点。我不断思考，问自己的内心：我人生的意义是什么？当我离世，我希望在墓碑上留下什么样的文字？我想，那一定是“妈妈、妻子、女儿和一个有影响力的人”。

为此，我创建了达因目标学院，成为目标管理专家，三年时间里，带领全球万名学员设定年度目标，帮助数千名学员达成目标、百名学员探索到终身使命。

经过十几年的努力，我实现了全面开花的人生，家庭幸福，事业满意，收入增长百倍！

我的经历告诉我：任何时候，只要一路向前，就一定不会晚；人生有了目标和方向，就能一路高歌，勇往直前；相信自己，我值得拥有更高配版本的人生！

大多数人过着无效的一生，正是因为没有清晰的人生价值观和目标。视线决定方向，视野决定格局，将自己的视线放在五年、十年之后，每天聚焦该做的事情，你也会跟我一样拥有全面开花的人生。

# 郑文华

DISC双证班F50期毕业生

2022年冬奥会志愿者礼仪培训师

中国礼宾礼仪文化专业委员会专家委员

优雅仪态资深培训导师

扫码加好友

**郑文华 BESTdisc** 行为特征分析报告

ISC 型

DISC+社群合集

报告日期：2022年01月16日
测评用时：06分43秒（建议用时：8分钟）

**BESTdisc曲线**

自然状态下的郑文华

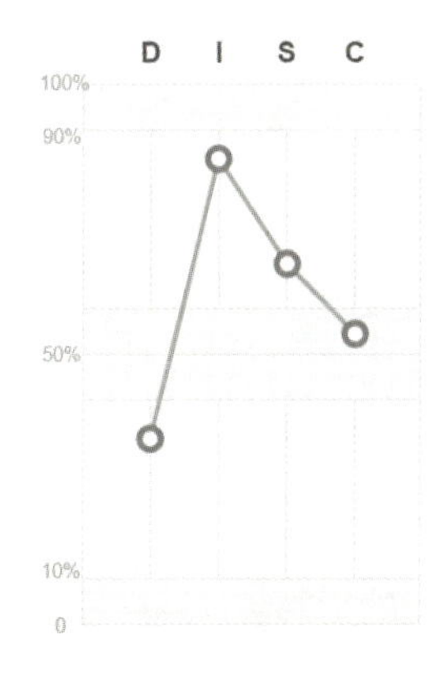


工作场景中的郑文华

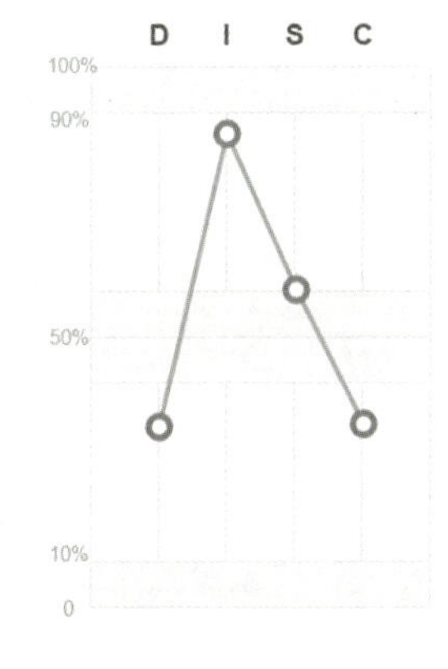


郑文华在压力下的行为变化

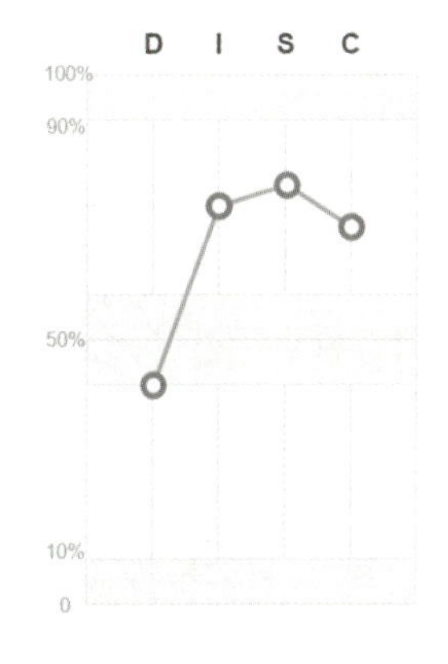


D-Dominance（掌控支配型） I-Influence（社交影响型） S-Steadiness（稳健支持型） C-Compliance（谨慎分析型）

I值相对较高，表明郑文华在工作和生活中乐于和他人沟通。在压力下，S值、C值提升，表明压力下，郑文华更加关注他人，做事更加严谨细致，展现出沟通有温度、做事有原则的特点。

## 爱自己所想爱，行自己所想行

最美的女人会发光。行走在春暖花开的季节，手机里不时传来学员的谢语："感谢您让我看到了久违的自己，懂得了接纳自己。""我今天申请到了医学硕士研究生导师资格，招收了第一位硕士研究生，我想像文华老师一样引领他，让他学会爱、学会如何去爱。"我仿佛走在光的隧道里，看到了光，看到了被光照耀的自己。

我庆幸的是，人到中年才明白一个最简单的道理：所有的收获都跟觉悟有关，觉悟来自正确的认知。人生最重要的功课是觉醒，最大的福报是帮人觉醒。十年一觉，我不禁回想起30多岁的一次相遇。

## 改变，从觉察开始

都说女人要在不同的阶段呈现出不一样的风采，扮演不同的角色，活得多姿多彩，可要做到真的太难了。

2016年，我得了眼肌无力，曾经美丽的眼睛不再美丽。尽管我微笑地告诉朋友们："我还好。"可那段时间，我经常内心疲惫，我看着镜子里芳华不再的自己，暗暗问：为什么我仿佛还没绽放过，就要失去光彩了呢？

身为女性，我们很不容易，我们是妻子、母亲、儿媳、女儿，太多的身份，太多的责任。真诚善良、勤劳无私、热爱生活……可是我们身上这些美好的品质常常被忽略。人们会将外在形象作为人生状态的真实写照，可人到中年，我们上有老、下有小，何曾有时间来学习充实自己，何曾有精力打扮得优雅、高贵、富有魅力？

过去，我们心里有梦，眼里有光，如春花灿烂。我出生在一个潮汕家庭，勤劳淳朴的家风造就了我努力不服输的性格。我始终在证明男孩女孩一样好，成为弟弟、妹妹前进的榜样。我渴望被看见、被重视，渴望被尊重、被爱，渴望成为独特的人，渴望成为有地位、有声望、有影响力的人，渴望成为父母的骄傲，渴望有能力、有魄力、有决策力、有掌控力……

因为有梦，我对未来充满了憧憬，我活力、青春、自信、快乐，身姿挺拔轻盈，笑容灿烂，每天都觉得天是蓝的，风是轻的。那是我人生中最美好的年华。

但时间悄然逝去，不经意间，这些梦、这些光逐渐被生活琐事掩盖。我曾经站在镜子面前审视自己，问自己：如此灿烂的生命，为何现在却不再绽放？我还有机会去追求理想吗？我还能找到最想做的事、最感兴趣的事、最愿意做的事吗？人生的终极意义到底在何方？最关键的是，我还来得及再为自己绽放吗？

迷茫中的我，听到了心底的声音：我相信我可以从容淡定地活出美好的生命状态！

## 缘起：初见优雅的那一眼

自助者天助。当我像剥洋葱一样，把自己的外壳一层一层剥下，从外到内地认识自己，知道自己想要什么的时候，机缘让我破译了优雅密码，打开了美好之门。就这样，我幸福地进入了优雅的世界，为生活找到了安定，为生命找到了方向。

时光飞逝，快10年了，我依然忘不了那次与优雅的相遇。老师曼妙轻盈的身影、柔美的手势、婉转的声音，让空气都变得温柔。那份从容、淡定、自信的风度，让我心生向往。这一幕的触动犹如一颗种子，种进了我的心里，我的心在呐喊："这才是我想要的优雅女人该有的样子！"

因为这一眼的相遇和内心的憧憬、渴望，我开始重新思考人生的方向，思考女人如何忠于自己的内心，爱自己所想爱，行自己所想行，言自己所欲言，真正过好属于自己的一生。

我曾经读过一句话："我们向一个人学习，光是看他的文，读他的书，听他的课，是远远不够的。如果可以，你要靠近他，向他当面请教，甚至和他成为关系不错的朋友，或者一起共事。这样，你才能学到精髓。"于是，抱着这份真诚，我决定勇敢地往前跳一步，发挥榜样的力量，追随老师学习，走出舒适区，拥抱不一样的人生。

## 成长：成人为己，成己达人

跟随老师学习，我感到自己再度焕发青春了，眼眸明亮，状态从容不惊，整个人由内而外地开始发光。看到我的改变，身边也有越来越多的朋友希望像我一样"逆生长"。

为了帮助更多女性重新找到人生的使命，唤醒内在力量，拥有更美好的人生状态，我成了一名践行优雅、传播优雅的老师。

一声老师，一生使命。记得人生头一回走上讲台，那么多双眼睛齐刷刷地看向我，我有点慌神。课后大家的反馈让我很感动，伙伴跑来祝贺我，学员告诉我，他们喜欢我，喜欢我的课堂，我的分享真的能给他们带来帮助。

这份鼓励开启了我的优雅仪态讲师生涯。讲课次数增多，经验累积，学员们亲切地叫我“文华老师”，向我致以掌声，让我有了更多的自信和使命感。

随着时间的推移，我慢慢感受到了挑战。老话说，你有一缸水才能舀出一瓢水。如何让学员即使学同一个内容也有新的收获，这是需要老师迈过的坎儿。于是，我静下心来思考，如何丰富和升华课程内容，带给学员更多的体验和感悟？如何从不同的维度帮助学员提升生命的宽度、拓展思维的广度？

我继续精进，不断内化知识、整合过往的经验，还向有经验的老师、不同领域不同行业的专家学者请教，拓宽自己的思维，开拓自己的眼界。这个成长过程，我付出了更多的精力、时间、金钱，经历了无数艰辛。

我记不清有多少个夜晚备课到凌晨，记不清多少次累得一坐上车就呼呼大睡，记不清磨坏了多少双练功鞋。我什么都想学，学了还觉得不够用……但为了我的那颗初心，我咬牙坚持了下来。我要做一位更好的老师，成己达人，帮更多人提高生命的品质。

因为热爱，我坚持；因为坚持，我收获；因为收获，我喜悦。自己专业的成长、内在的成长以及学生的成长，让我倍感欣慰。

学员们带着对美的追求和梦想而来，为了追求与梦想而努力，有的学员坚持每天训练超过 5 个小时，坚持高阶训练 21 天、导师班训练 30 天，哪怕身体早就超负荷了，但还是咬牙坚持下来。生于广西的学员小渲说：“以前在老家觉得‘白瘦幼’才是美，所以总觉得自己不美，很难受，现在我终于知道了美有很多层次，越来越接纳真实的自己，越来越自信。”学员小丝说：“老师拉着我唱歌的场景让我记忆犹新，我要带着鼓励和爱对待自己、面对未知，感谢文华老师。”

学生们收获体态的轻盈挺拔，收获内心的绽放喜悦，收获成长的快乐甜蜜，收获亲密关系的和谐滋养，收获家庭关系的圆满幸福，使我坚定了对这份事业的选择，这是优雅仪态老师真正的幸福。

我知道，真正出彩的课程，既能输出方法和思想，又要浸润学员的心灵，让他们感受到温暖，也愿意把这份温暖传递给他人。懂得感恩，成为榜样的力量，是我最大的收获。

## 感悟：优雅仪态，是照亮人生的光明灯塔

经常有人问我:优雅仪态到底是什么?

我想告诉大家,优雅仪态是照亮人生的光明灯塔。

优雅仪态是高级的气质,养成优雅高贵的气质并不容易,要刻意练习,有意识地升级个体对环境、事件的情感和行为反应模式。好气质的女性,才显得珍贵。

优雅仪态是高级的能量气质。为何优雅仪态有如此大的魅力和能量?在探究和实践过程中,我越发懂得,优雅仪态帮助我们每一个人自我觉知、自我修正、自我创造。

于生命,优雅仪态以其特有的力量潜移默化地改变一个人的生命状态,让人不停留于表面,而是探索与思考内心世界。它不是附庸风雅的点缀,而是创造美好生活的方法。

于家庭,优雅仪态让孩子在模仿学习的过程中产生礼敬之心,培养孩子的谦逊之德。女主人优雅得体,亲善有加,更有利于营造和谐的家庭气氛。

于团队,优雅仪态帮助团队成员用自我价值互相赋能并建立共识,实现团队的成长。

因此,我将优雅仪态作为终生修行的道路。

新时代的女性,到底要怎样生活,才能既独立、自信,又兼具魅力与实力呢?我们经常说,一个人有两次人生,第一次人生是活给别人看的,第二次人生是活给自己看的,这是觉醒后的人生。人的每一次成长,都始于自我的修正。对于每一个人来说,修正开始得越早越好。我们要让优雅成为一种习惯,将觉知转化成能力,平衡一切因生命而存在的关系,这也就是优雅仪态之于生命成长的意义所在。

优雅仪态让我明白：越是恭谨越是懂得，越是践行越是笃定。学习了优雅仪态，我更加从容、淡定，懂得了生命之旅无关乎成就，重在美好成全。

## 愿景：一起向未来，优雅之路更精彩

以美养德，借雅修真，优雅的力量坚定了我的信念——让中国的优雅仪态随着中华文明的伟大复兴而走向世界。

我期待触摸所有美好的事物，成为看得见的美丽人士。

我通过修炼优雅仪态，缩短了现实与理想的差距，找到了属于自己的修行方式。

感谢机缘，感恩每一位出现在我生命里的恩师，他们是我的榜样，他们教会我为人处世的学问，塑造了我一世的习惯。因为被温暖过，所以我也想把温暖传递给更多的人。感谢和我共同学习、成长的同修和数千名学员，我喜欢听你们的故事，喜欢和你们共同探讨生活和工作中的问题，喜欢和你们一起分享新知，喜欢和你们一起成长。是你们让我感受到了传道授业的快乐，让我明白了教学相长不是单向给予，而是彼此成就！感恩你们的支持。

给自己一个慢下来的理由，给自己一个成全美好的机会。让我们用之，悦之，分享之，将优雅的力量转化成为榜样的力量，带着光和热去温暖和帮助更多的人。

未来美好的时光，我们一起同行。

一起向未来，优雅之路更精彩。

# 陈炫依

DISC+授权讲师A10毕业生

咨询培训师

心理学硕士

成长教练

扫码加好友

**陈炫依 BESTdisc 行为特征分析报告**

**ICD 型**

**DISC+社群合集** 

报告日期：2022年02月22日

测评用时：08分38秒（建议用时：8分钟）

**BESTdisc曲线**

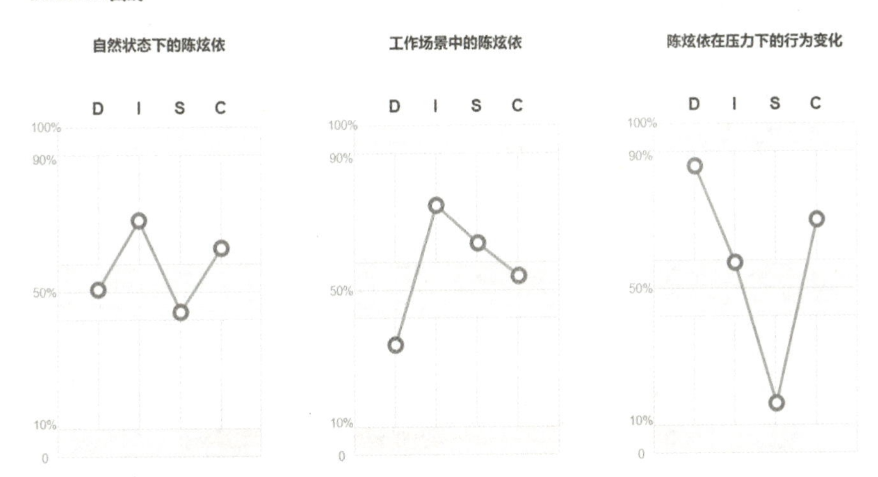


D-Dominance（掌控支配型） I-Influence（社交影响型） S-Steadiness（稳健支持型） C-Compliance（谨慎分析型）

自然状态下和工作场景中，I 值较高，表明陈炫依乐观外向，具有很强的社交能力。工作场景中，S 值提升，表明她善于倾听他人，有同理心。压力下，D 值、C 值提升，表明她会通过专业研究，制订完善的计划达成目标。

# 助力成长——打通人生不同应用场景的“中医”咨询培训

我常常觉得，真实的人生远比小说、电影更加刺激、更加跌宕起伏。今天，我想讲述我的故事，带给你关于自己的崭新思考。

## 人生比电影更精彩

29岁前，我就是大家常说的“别人家的孩子”，学习成绩一直名列前茅，从小家里的墙上就贴满奖状，高考也顺利考入“985”院校。

本科毕业后，通过层层面试，我进入世界500强企业，成为一名外企白领，出入广州CBD最繁华的写字楼。工作中，我敢打敢拼，续写着学生时代的辉煌。

短短几年间，我实现了年销售额超230万、年度目标完成率156%、单产品完成率173%的辉煌业绩，拿到封顶奖金，还连续三个季度获得企业内部华南大区销售总裁奖。每到年底，领导都指派我飞到国外参加盛大的公司年会，享受最高级别的差旅待遇，坐头等舱、住顶级酒店。那段时间，我就是公司里最年轻有为的员工，名副其实的红人，享受着鲜花和掌声。

26 岁，在人生的辉煌时刻，我选择急流勇退，不顾公司销售总监、大区经理的挽留，毅然决定回老家发展，理由充分且简单：父母上了年纪，偶有小病大痛，我想多陪陪他们。是金子在哪里都会发光，回到老家的前三年我依旧过得风生水起。

如果没有之后突如其来的变故，我大概率会按照这条轨道走下去——同龄人羡慕的对象，工作生活顺风顺水。

但是人生往往比电影更精彩，不仅有惊喜，还会有惊吓。29 岁那年，我先后经历一系列重大变故。一直以来引以为自豪的强大内心彻底崩溃。那段日子，我躲在家里不敢出门，外出必须找朋友陪同，我在极度恐惧中走到了绝望和抑郁的边缘。

## 自救中邂逅终身事业

骨子里的骄傲和要强，让我不甘心就此认命，经历了现实的摧残和洗礼，我还是扛过来了。

30 岁，我毅然决定辞别故土回到广州，希望找回从前的自己。三年间，广州的发展就如我个人一样天翻地覆。在这陌生又熟悉地方，我告诫自己不能畏惧，重新开启学习模式，通过大量阅读心理学书籍调整自我状态。正是这段时间的自学，为我之后的心理咨询师事业奠定了理论基础。经过学习，我也为自己构建了一个相对安全的心理环境，心情也慢慢平复下来。

我开始思考：接下来该怎么办？正所谓“静能生慧”，我积极谨慎地交友，扩大自己的生活半径，和不同年龄段、不同背景的人进行交流，获取更多生活经验。我不停为自己做心理暗示，鼓励自己突破恐惧，承认和接受不可控因素，不过分恐惧，最大化地规避风险。

同年，我又凭借自己的努力，以单科第一名的成绩被中山大学录取。在一次学校的讲座中，我结识了一位学姐，她是心理学在读博士，她带我进入了心理治疗领域。在学姐的介绍下，我对心理治疗有了基本的概念，也对心理咨询师可能面临的职业困境和职业危险有了更加全面的认识。

31 岁，我去斯里兰卡进行国际支教，和美国明尼苏达大学卡尔森商学院的搭档们并肩作战，取得了国际咨询大赛团队第一名的成绩。在这个国际化的团队里，多元的文化带给我很多视觉和心灵冲击，我以旁观者的身份留心观察身边的人和事，对现代人的心理健康问题有了更深入的思考。支教队伍里有一位美国常青藤名校毕业的学弟，他状态好的时候，会温暖地微笑，在路边摘一朵小花，然后说："姐姐，送给你。"他状态不好的时候，远远地从背影都能感受到他的异样，他手脚扭曲地摆动着，动作极不协调，行走都很吃力。如果不是亲眼所见，谁都很难体会我的那种遗憾和心疼。

因为经历，所以懂得；因为懂得，所以慈悲。当一个个年轻而鲜活的生命在我眼前出现，我更加深刻地体会到了心理健康问题给人们带来了多么巨大的困扰，也意识到现代人心理健康问题的严峻性。我在心里悄悄埋下了一颗不知道什么时候会发芽的种子——有一天我也要为有需要的人们做些什么。

## 管理培训师的思考与探索

32 岁，我按照自己的职业规划，从销售管理岗位成功跻身企业管理培训师，同部门的培训师都拥有丰富的履历，这样优秀的团队促使我不断提升。

在研习促动技术和教练技术的过程中，我发现促动技术与心理咨询中的行为认知疗法有相通之处,教练技术也与素来"以来访者为中心"的行为认知疗法有异曲同工之妙。于是我一边开展培训,一边深入学习管理心理学、认知心理学、团体心理学等知识,慢慢厘清了不同技术作用不同人生场景的底层逻辑。

做培训一段时间后,我发现单独依靠培训手段来改变人们的行为和认知,仍有诸多局限性。比如,员工工作状态不佳,多与团队氛围或个人所面对的压力有关;员工出现"职业漂移"或对工作产生厌倦和倦怠,多由于职业特性与个人选择相左,同时又缺乏对自我底层价值观的觉察……如果这些细节没有被关注和解决,只是做表面文章,问题就仍然得不到解决。很多时候,企业管理者和培训师都是站在企业的角度去关注员工,思考员工能为企业带来什么,怎样为企业带来更大的价值。他们很少站在员工的立场思考如何关怀员工。

发自内心的对人的深切关注和关怀,让我想帮助每个个体突破困境、实现自我价值。我一直没有停止过这方面的思考和探索。

后来,我在叙事及后现代疗法中找到了答案。叙事及后现代疗法讲究去病理化、去专家化、去标签化,挣脱主流文化的枷锁,靠近人们内在或者关系里珍视的价值、信念和行动。它不聚焦于解决表象的问题,而是寻找来访者在职场、生活中所处困境背后的心理原因,然后想办法激活其面对和处理问题的潜能,最终帮助来访者提升自我觉察能力,成为更好的自己。

很多时候,咨询师对来访者的理解是以自身生活和经历为基础的,因此咨询师需要不断丰富阅历,开阔视野,打破边界,减少盲区,以理解和感知不同文化背景的来访者,为其提供有效帮助。

我自己就曾经接受过两次不成功的咨询。

第一次是在十多年前,初入职场的我怀着无比虔诚的心情,进行了一次职业规划的咨询。当时,为我提供咨询的是一位中年人,他曾是民营企业中层管理人员,考取了一些职业规划师证书。这位持证咨询师在了解了我的一些个人信息之后,给出建议:先就业,再择业。

这个结果不算意外,但整个咨询过程让我感觉非常牵强,他始终想方设法帮我找到专业对口且我不太抗拒的工作。当时我刚毕业,出于对这种专业背书专家的尊敬,也是出于对他的相信,我真的按照他列出的规划执行了一年。一年后,我再也不想接受他为我提供的任何后续免费咨询了,而是听从自己的内心,辞去外贸工作,转投市场销售。

当年,这样跨领域转行的行为还不能被大多数人接受,很多人问我:“你一个读英语专业的,做外贸不好吗?为什么要去医药行业做销售?”确实,国际贸易的订单通常都是大单子,所以外贸业务员的总体收入也很可观。我当时无法从理性层面给出强有力的理由,因为这只是我遵从自己内心感受的选择。后来,我归纳出了答案:就是自己想要站在更大的平台,加入优秀的团队,做专业的事,赚钱反而是次要的。

十几年前国内外贸行业发展前景不明,没有领军企业,很多业务员都是靠自己摸爬滚打,摸索着前行。我退出外贸行业的详细原因,共有两点:一是外贸业务员这个工作本身技术含量低,根本谈不上销售策略或者谈判技巧;二是从个人职业发展考量,中小外贸企业和实力雄厚的外企相比,哪一个才能提供更好的个人发展平台一目了然。

第二次我接受的是心理咨询。咨询师先详细了解了我的成长经历和成长环境,包括家庭成员情况、相互关系等等。整个咨询过程让我感觉很不舒服。我当时已经自学过有关精神分析的理论和方法,用这些方法进行自我解剖后,仍然没有找到答案,于是才寻求专业咨询师的帮助。这位咨询师机械地做着规定流程,照本宣科地对我进行提问,我不想浪费时间,找借口离开了。

回忆这两次年代久远的咨询,我萌发了一个强烈的想法,为什么不把咨询和培训整合在一起,全面及时地服务于人的需求呢?

这就好比肿瘤药。目前全球治疗肿瘤的药物可以分为三大类,分别是化药、大分子药物、小分子靶向药。化药杀伤力强,但是一刀切,类似培训,针对面广,通用性强,但是针对性弱。大分子药物直接作用于肿瘤细胞,致使肿瘤细胞凋亡,类似普通心理咨询,聚焦于解决来访者的问题,用引导式的方法给出咨询师心中的答案。小分子靶向药通过激活人体自身免疫系统，从而达到抗击肿瘤的治疗目的，类似于心理咨询的叙事疗法。

可见，整合培训和咨询这条路是可行的。先用培训扫面，再结合咨询来进行点对点的陪伴和帮助，双管齐下。而在制订每一份咨询方案时，也应该充分考虑职场、家庭、生活等会对人产生影响的因素。

目前很多心理治疗方法按照成长、亲子、家庭关系、职场进行分类，而我的畅想更像传统中医理论，把人体视为一个有机的整体，而不是若干部分的简单组合。仔细想来，人生何尝不是如此，我们面临的大问题都不是孤立或割裂的，而是与底层人格、某段经历有着千丝万缕的联系。

## 赋能与陪伴，成就更好的自己

资深的专家导师们对我的观点表示很感兴趣，这让我深受鼓舞，随后我把自己的咨询理念写进书里，发布到千聊直播平台，希望被更多人听到、看到，从而帮助有需要的人。

得益于在全球500强外企做管理和管理培训的经验，我从更高的维度去思考、从多元化视角去理解来访者。大量沟通和咨询辅导的经验，也可以帮助我更好地去洞察，与来访者共情。我的格局、眼界、思维，让我可以更好地帮助来访者。

作为叙事及后现代疗法的心理咨询师，法国高商心理学博士在读，我参加了两年系统的理论学习和实践督导项目，完成了600个小时以上的理论学习、300个小时以上的咨询督导。

叙事及后现代疗法认为人本身具有巨大的潜力，能应付自己在不同阶段面对的课题，它注重靠近人们内心没被看见或珍惜的地方，激活人们面对和解决这些问题的潜力，帮助人们找到困境背后的底层心理原因，帮助人们提升自我觉察，成为更好的自己。

现在，我成为一位致力于推广叙事及后现代疗法的心理咨询师，也是职场教练、Bestdisc认证咨询顾问、PCC职业生涯规划师、DISC社群联合创始人，先后为200多人提供关系合拍、激励及相处建议，不仅帮助个人实现自我觉察与成长，还帮助个人从职场生存期顺利过渡到发展期甚至成就期。

未来，我还将继续精进、积累经验，赋予访谈咨询更大的空间和更多的可能性，帮助个人既实现心灵的健康和自由，又能在现实生活当中站得住、立得稳，身心健康，过上美好的生活。

我愿意更好地帮助来访者，把培训和咨询当作一生的事业，以此与君共勉。

# 第四章

# 教育有道

# 教育有道篇

勿忘初心，终身成长

作者：张一珺

转型，做对生命有意义的事

探索，将好事做好

坚持，向着初心的方向

再出发，回归教育的本质

3

# 小林老师

DISC双证班F59期毕业生

二宝妈妈

主动学习法践行者

扫码加好友

小林老师 BESTdisc 行为特征分析报告

CID 型

DISC+社群合集 

报告日期：2022年02月19日

测评用时：10分52秒（建议用时：8分钟）

BESTdisc曲线

自然状态下的小林老师

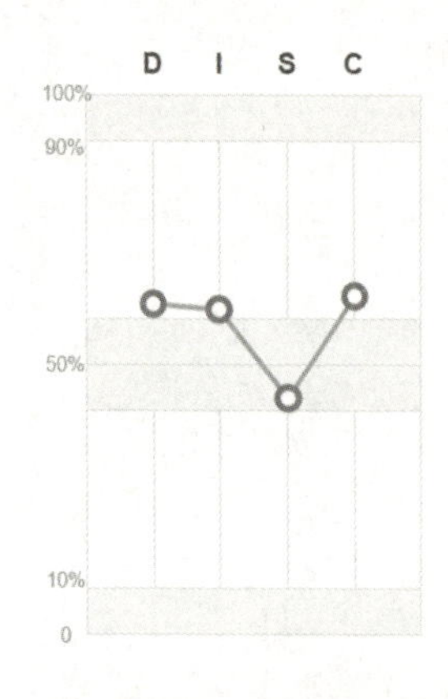


工作场景中的小林老师

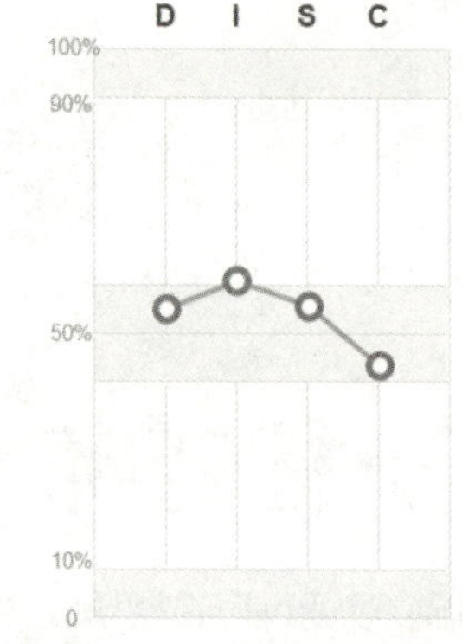


小林老师在压力下的行为变化

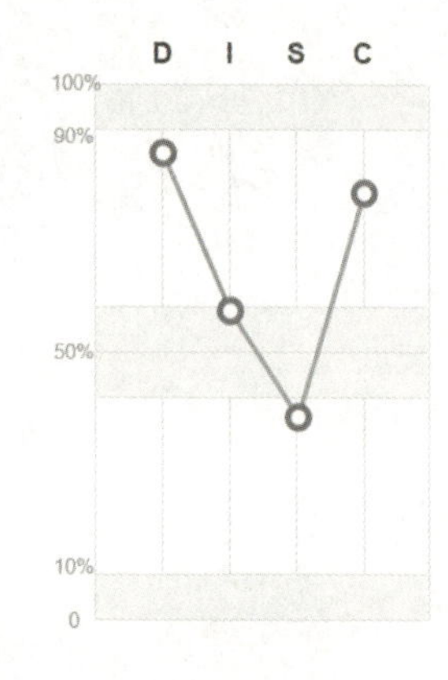


D-Dominance（掌控支配型） I-Influence（社交影响型） S-Steadiness（稳健支持型） C-Compliance（谨慎分析型）

在自然状态和工作场景中，D值、I值、S值、C值相对均衡，表明小林老师在工作和生活中，可以灵活调用各种行为风格，是一个社交多面手。在压力下，D值、C值明显提升，表明她更加关注事情的结果和细节，既追求效率，又把控质量。

## 不焦虑地做父母

我是树妈妈——林博华，一位幸福的二宝妈妈。作为一名家庭教育指导师，我特别想和大家分享不焦虑地做父母的经验。

你是否紧张留意着孩子班级群里的一切，生怕漏看老师的任何一句话？是否对天感叹："我的孩子怎么会这样？"是否在周末带着孩子争分夺秒地转战于各种兴趣班？这些我全都经历过。

多年前，在结束了一天的工作和陪孩子们学习的激战后，望着孩子们熟睡的脸，我焦虑得自我怀疑：孩子的成长真的必须牺牲母亲对于自我价值的追求吗？我拖拉着不肯做出抉择，是不是太自私？

直到六年前，我进入了家庭教育行业。在不断学习和交流实践中，我不仅解决了自己的问题，还帮助更多焦虑的家长们远离焦虑，最终成为一名家庭教育指导师。我的这段经历告诉我，面对问题才能解决问题，解决焦虑，首先就要面对焦虑。

### "三问一行动"找到焦虑源头

焦虑，只是人们众多情绪的一种，它就和其他情绪一样，基本都在我们可以处理和控制的范围内。事情就是这样有趣，一旦我们接受"我焦虑了"

这件事情,焦虑反而就显得不那么让人不适了,因为接下来,我们会自然而然地将注意力转移到焦虑的源头上。

所以,我们首先应该接纳焦虑,知道“原来我现在焦虑了,这是无法处理当下的一些情况才产生的情绪”。想要有效找到引发焦虑的源头,我们就要马上采取“三问一行动”。

三个问题:第一,是什么事情让我变得焦虑?第二,这些事情通过我自己已有的经验和能力能否改变呢?第三,如果可以改变,通过哪些途径去改变呢?

一个行动:在第三个问题的答案中,找到一个现在就可以开始执行的行动,马上去做。

人的大脑通常会聚焦于当下正在做的事情或所陷入的情绪。如果当下你正在处理事情,那么大脑就会继续帮助你完成当下做的事情;如果当下你正处于焦虑中,那么大脑就倾向于沉浸在焦虑情绪中。发现了吗?大脑会自然地分配专注力。

当然,我们当前所讨论的焦虑情绪通常不会持续超过一周的时间,我们也不会因为焦虑而产生严重的失眠、脱发等生理现象,它只是普通人每天都在经历的情绪而已。如果你的焦虑已经严重影响到自身的健康,请及时向专业的医生或机构求助。

## 探询父母焦虑的核心

“父母之爱子,则为之计深远。”在这个家庭教育得到空前关注的时代,“鸡娃”大军中有相当数量的家长都拥有良好的教育背景,他们更懂得哪些能力将贯穿人的一生,家长们焦虑的也正是如何帮孩子尽快提高学习能力。

对于这个问题,我的两个孩子给了我很大的启发。

因为我有两个机灵活泼的儿子,所以我的焦虑是双倍的,这也恰恰是我成为家庭教育指导师的最大推动力。在学习家庭教育理论初期,看着儿子们全身心投入地玩电子游戏的样子,我产生了一个想法:兴趣才是持续学习的动力!要是能让他们觉得学习和玩游戏一样有意思,那克服学习困难就像游戏通关,他们一定会越挫越勇,实现自我突破。套用时下流行的一句话:"唯有热爱,可抵挡岁月漫长。"在处理了大量的家庭教育案例后,我更深切地体会到帮助孩子激发学习兴趣的重要性,它是养成良好学习习惯、提高自主学习能力的基础。

在多年家庭教育的指导过程中,我逐步发现了一些与当今流行的教育观点相悖的方法。当然,我并不是要反对著名教育学家的理论,而是给大家提供一个新的家庭教育思路,毕竟每一个孩子都是独一无二的,家长掌握的方法够多,才能因材施教。

## 原来我也能学会

我们先来帮孩子建立自信,很少有人能对毫无信心的事保持长久的兴趣。我请父母们正确评估孩子当下的能力,布置给他低于其学习能力的任务,让他可以轻松完成,即使任务与他现在需要掌握的内容和学习水平相去甚远,也没有关系。

父母必须注意的是:正确评估孩子的能力,请暂时放下心里对于孩子的所有期待,从事实出发,作出客观的判断。

当孩子知道自己可以独立完成一些学习任务之后,我们应该对其进行肯定和鼓励,并逐步递增难度。通常孩子都会在初期快速建立自信,主动提出增加任务难度。提高任务难度后,孩子可能不能胜任,家长就要正向引导孩子接受挑战,或者选择再次降低任务难度。家长需要耐心地陪伴孩子,帮助孩子体会自己掌握学习进度的满足感,这个过程其实就是孩子建立自信的过程,也是孩子越来越愿意主动学习的过程。让孩子通过更简单的练习内容,建立自信与成就感,是帮他自发自动往前走的小秘诀。

以我的大儿子为例,在他读小学二年级第一学期时,他一直练习一年级的加减法速算,他在练习这些速算的过程中,能够获得非常强烈的自信心,为自己能够在很短的时间内准确无误地完成整页练习而骄傲。后来,他自己提出:“妈妈,我想做更难一点的题目,这个也太简单了。”孩子主动提出升级任务难度,就意味着他充分肯定自己的能力,愿意为了更高的目标努力,他会觉得自己才是整个过程的主宰者,有能力去提升和创造。这就是建立自信和产生兴趣的过程,而我要做的只是做好帮忙准备学习资料的后勤工作。

我在家庭教育的指导过程中,接触过很多焦虑的父母,他们心急如焚,实在想不通为什么报了很多提高班,做了很多题,孩子在某一学科上面就是不开窍呢?事实上,这是因为孩子对某个科目失去了信心。我指导家长们正确评估孩子的学习水平,制订有针对性的学习计划和目标。计划启动后3个月左右,孩子和家长都能感受到明显的效果,通常孩子的学习兴趣与自信心会得到显著提升,而家长自然也就远离焦虑了。

我是这个方法的实践者和推广者,无论是身为妈妈,还是身为家庭教育指导师,我都希望能够通过分享专业知识和成功案例,来帮助更多的家长和孩子找对方法,并全力以赴去践行这些方法,化焦虑为行动。

## “重复”的力量

如果帮助孩子找到自信、激发学习兴趣能让家长跟孩子都没有时间焦虑,那么帮助孩子养成良好的学习习惯,就能让家长彻底远离焦虑。

习惯养成的核心就是重复。当你希望孩子长久地保持一种好行为,那么请在固定的时间里(21天甚至100天),让孩子不断地重复进行这个行为,直到形成习惯。

心理学研究表明，孩子只会因为兴趣，或是一些硬性要求去重复一些行为。比如练钢琴，只有不断重复地练习，才能把乐曲弹得越来越熟练，最终形成肌肉记忆。背诵乘法口诀也是如此，孩子把原本没有语义联系的数字不断背诵，直至形成持续的肌肉记忆，最终实现脱口而出。大量事实证明，这个方法用在学习上非常有效，尤其是数学、语文和英语的学习。

我经常诚恳地拜托家长们，充分相信孩子，相信他们完全有能力学会和掌握义务教育阶段的学习内容。与那些所谓有天赋的孩子相比，我们的孩子只是在这个过程中花费的时间多一些而已。只要不断增加重复学习的次数，每个孩子都可以掌握同样的知识，这就是“读书百遍，其义自见”。

## 父母的任务

各位爸爸妈妈，远离焦虑已经胜利在望了，理论学习已经结束，下面就是实操阶段了，只要做到以下六个方面，你们就能彻底远离焦虑。

专注：整洁、无干扰物的书桌。

准时：在固定的时间段做固定量、固定科目的练习，必要时可使用计时器，父母最好陪伴在侧。

重复：每天进行不断的重复，不间断、无例外。

引导：引导孩子在过程中发现自己的进步，适当鼓励、赞扬，帮助孩子建立信心。

坚持：一学期 100 天的坚持 + 假期 1 个月的坚持，让孩子养成每天定时定量学习的习惯。

自然：假期的一个清晨，你还在准备早餐，孩子自然地做起了当天的作业，拿起书本阅读，这就是孩子拥有了学习能力的样子。

当孩子拥有良好的学习能力，就会更加喜欢学习，自然产生探索的兴趣和信心，愿意自发去学习更多的知识，挑战更高的难度，家长们也将彻底远离焦虑。

我一直致力于为孩子进行学习诊断和方法指导,破解家庭教育中的问题和疑惑,为更多家庭提供专业的支持帮助。

各位家长,希望我的分享能够带给你们一些思考和行动,让我们一起驱散教育之路上的焦虑吧!

# 王小芳

DISC双证班F3期毕业生

父母成长教练

社群商业顾问

扫码加好友

**王小芳 BESTdisc** 行为特征分析报告

DIC 型

DISC+社群合集 

报告日期：2022年02月18日

测评用时：08分17秒（建议用时：8分钟）

BESTdisc曲线

自然状态下的王小芳　　工作场景中的王小芳　　王小芳在压力下的行为变化

D I S C

100%

90%

50%

10%

0

D-Dominance（掌控支配型） I-Influence（社交影响型） S-Steadiness（稳健支持型） C-Compliance（谨慎分析型）

D 值较高，说明王小芳喜欢有挑战的事情，做事效率高。在自然状态和工作场景中 I 值较高，表明她在工作和生活中，喜欢表达自己的想法和感受，善于和他人沟通。压力下，I 值降低、C 值升高，说明她强调结果的达成和效率，能制订详细的计划达成目标。

## 人生路不止，家庭教育路不止

我特别爱折腾，在旅游业深耕近20年，是社区运营的管理者，还是正面管教家长讲师、学校讲师、婚姻长乐讲师……一句话，我敢于挑战、勇于跨界。

很多人问我，你为什么这么喜欢折腾？我想了想，这大概和我的特点有关：第一，喜欢迎接工作、生活中的新挑战；第二，言而有信，越挫越勇；第三，独立思考，善于思辨。

折腾这么多年，我始终在思考一个问题：这么多事情中，什么才是让我最有成就感的事情呢？在旅行社工作期间，我觉得成为老板的左膀右臂就是最有成就感的事。参与社群运营的时候，我觉得带领大家一起做项目就是最有成就感的事。是时间和经历带领我找到了我认为值得终生坚持的事情，那就是家庭教育事业，这是让我最有成就感的事。

家庭教育事业，带我走出了鸡飞狗跳的生活困境。

### 诗还在远方，苟且却在眼前

原生家庭给予我的教育和成长环境，让我从小养成了独立自主的性格。当年我也是被老公独立自主的性格深深吸引。婚后，洗衣、做饭、带娃他都一力承担，但在生活细节上却吹毛求疵，而我总是大而化之、抓大放小，这让我们的婚姻充满了火药味。

有这样一件陈年往事，我仍然记忆犹新。老公有一把心爱的梳子，用它梳头发时，有按摩头皮的功效，我和女儿也特别喜欢用它。但每次我们使用之后，只要摆放梳子的位置和老公规定的位置差了一点点，他就会喋喋不休、念叨好久。他容易情绪化，明明早上出门前还好好的，可是晚上回了家，就对家人各种数落。关系紧张的时候，我每天回家都特别紧张，不知道老公会有什么情绪。

夫妻关系越来越紧张，偏偏这个时候，女儿可可这边又出了状况，学校老师隔三岔五地打电话找我。我自认为在女儿上幼儿园之前，我就已经协助她养成了良好的习惯，也帮她培养了相应的能力，所以从她上幼儿园开始，我就直接启动了“放养”模式，结果孩子行为散漫。更要命的是，我并没有认识到自己的问题，反而认为这是孩子天生的问题，一出问题就不停地对天发问，为什么孩子总不听话呢？现在想来，当时的自己是多么可笑与无知。

女儿上了小学之后，厌学、撒谎、成绩一直下滑……孩子的教育问题、夫妻关系的问题，再加上各种生活琐事，随便一句话、任何一件微不足道的小事都能成为我跟老公争吵的导火线，我们的家被阴霾笼罩。

有一次，我跟女儿在回家的路上，聊起学习成绩的事情，越聊火越大。我问女儿：“你看你这次考试，又没有考好，成绩不好，你怎么上好的初中、好的高中、好的大学？不上好的大学，你怎么有好的工作呢……”

越说越生气，到楼下时，我气得把吃的东西全吐了，气得躺在了地上。可即便如此，女儿看上去也没有什么反应——只是蒙了，她或许在想，为什么我就不能上初中、高中，考大学了呢？为什么我就没有办法找到好工作了呢？妈妈，你在说什么啊？

越是如此，我越是气不打一处来，气不过的时候我打她，打坏过两把羽毛球拍和一个衣架子。为麻痹自己，我全身心投入工作，希望能在工作中取得一些成就感和自豪感，但不久后，我的工作也出了问题。

家庭和事业的双重失败，让我深深地陷入了自我否定。

## 邂逅 DISC，从地狱到天堂

天生要强的个性，让我不愿意向生活低头。我想了很多方法改变糟糕的现状，比如找朋友倾诉，翻阅畅销的家庭教育书籍，但是收效甚微。那段时间，我咬着牙坚持，告诉自己：老公、女儿都是我自己的选择，我必须为自己的选择负责，要为我们这个家找到希望。

2015 年初，一个偶然的机会，我看到关于 DISC 理论的推广信息。我了解得知，它可以帮助我们研究人的行为风格、提升人际敏感度、改善人际关系。无路可走的我，仿佛抓住了救命的稻草，立刻报名参加了 DISC 培训课程。

课堂上，海峰老师提到了关于家庭的内容，他说：

"你的家是天堂，还是地狱，由你来决定。"

"你懂他，你才能理解他的行为方式。"

"你不是要去找 Mr. Right，而是要把遇到的变成 right。"

"用对方接受的方式去对待他、影响他、激发他。"

"我变，世界变。"

"任何事情从自己身上找原因，而不是从别人身上找借口。"

……

这些话让我醍醐灌顶，恍然大悟。是的，在没有办法去改变环境和别人之前，我们最先要去调整的是自己的行为。随着学习的深入，我竟然找到了进入老公心灵的钥匙：原来他就是典型的 C 特质！

他很难被说服，要求他去做一些事情，除非他自己想通，或者你讲得很有逻辑。他凡事精益求精，特别注意细节，跟他说话，如果没有条分缕析说清楚，他会觉得不舒服。他对任何事情都有极高要求，如果你没按他的要求去做，我只能说三个字：你惨了！就等着他来跟你理论吧……他有情绪，但坚决不说！他要你猜，他觉得你应该懂他，你就应该懂他！如果你没猜出来，就等于又踩了一颗雷。

这个发现让我欣喜不已，和谐的夫妻关系是良好的亲子关系的基础，我更加努力去学习、实践。我要求自己在与老公的沟通中做到以下内容：如果这件事情老公的确是对的，我就老老实实承认错误；如果是老公不对，我就想好有逻辑的说法跟他好好沟通，实在不行，就直接示弱、装可怜。

## 行动，让变化悄然发生

回到现实生活，再一次发生梳子事件。这一次，我又没有把梳子放回固定位置，老公发火了。我马上意识到了错误，立刻认错说："不好意思啊，老公，我现在马上给你放回去。"我的态度让他始料未及，他就好像一拳打在了棉花上，火气顿时消了一半。我心中暗喜，努力没有白费，方法奏效了。

有了成功经验后，我与老公的关系得到了突飞猛进的改善。真是太神奇了！我们还是我们，事情还是以前的事情，可是应对的方式改变后，结果就变得完全不一样了。

根据吸引力法则，我的行动影响了老公，他也在一点点主动改变和调整。他开始用行动表达对我的理解和支持：看到我工作忙，他就默默承担起全部家务，对孩子也更加上心了，主动接送孩子上学，让我没有后顾之忧地做我喜欢的工作。

夫妻关系得到了改善，在教养孩子这条路上，我和老公的步伐也越来越一致，亲子关系方面也取得了很大的进展。在我学习了正面管教后，老公也受到我的影响，越来越认识到教育方法的重要了。

作为家长，相对于学习成绩，我们更多地传递给女儿我们对她的关心："你过得还好吗？这是你要的吗？"我们要求自己必须充分尊重孩子的感受，如果她自己认为还不错、自己认为自己的选择就是自己想要的，我们就全力支持。

我们的改变直接影响了女儿对未来的选择。在她四年级的时候，学校发了少体校的招生通知，要招收射击运动员。女儿很想去，老公对此也有一些心动，父女两人一拍即合。只要他们父女俩觉得可以，我当然赞同。我跟老公提醒女儿：一旦选择了这条路，就有可能跟别人不一样。

在得到女儿肯定的答复后，我和老公全力支持她，陪她去参加每周两次的训练。到了四年级学期末，原先一起训练的20多个小朋友只剩下6个，女儿就是其中之一。得知消息的那一刻，我们全家别提多高兴了。喜悦的同时，我们更清楚，接下来，女儿面临的现实更加艰难了：继续坚持，意味着为各种比赛不停备战，意味着没有暑假、寒假，意味着要付出更多的努力与汗水。我们再次征求女儿的意见，她坚定地说："我愿意。"她就坚持到了九年级。

其间，我也曾心疼女儿的辛苦，担忧她的前途。每到这个时候，老公都会用他敏锐的观察和细致的数据分析打消我的疑虑。事实证明，我们一家人当初的选择是对的，坚持也是对的，女儿用自己的努力和汗水，取得了上海市射击比赛第二名的好成绩。这些年，女儿自己努力拼搏的过程就是她建立自信、超越自我的过程。这是对于她来说特别宝贵的人生经验，我们为她感到骄傲。

## 有家就有美好的未来

最近两个月，我们把家庭群名字改成了"共同成长|黄小妞之家"，还设定了家庭目标："创造家庭财富自由"，并进行了明确分工：我继续为自己规划的职业奋斗，老公做好后勤保障，女儿可可做好知识储备，为5～8年之

后全面掌控我们这个“黄小妞之家”做准备。

这一路走来，我要感谢不肯向生活低头的自己，要感谢和我一样坚守这个家的老公，要感谢陪着爸爸妈妈共同成长的女儿可可，但更要感谢的是知识，DISC 理论、领越领导力、正面管教、财富罗盘，这些才是让我和我的家人不断成长和找到希望的力量源泉。

## “黄小妞之家”的学习记录

2015 年，学完 DISC 之后，立马回家给老公和女儿做测评，借用客观的工具来了解他们、理解他们。同年，学完团队协作五大障碍后我立马召开第一次家庭会议，老公当时不太情愿，但他在感受到了好处后，积极主动参加了第二次、第三次会议。

2016 年，我带着老公和女儿一起去学情商管理，一家人都认识到了情绪的价值，懂得了要合理利用情绪的意义。

2017 年，学完 4D 红转绿应用，女儿恰巧被骗钱，我用行动告诉女儿，即使发生了糟糕的事情，只要我们想，我们就有能力去把它往好的方向引导。

2018 年，我正式成为正面管教家长讲师、学校讲师，以及婚姻长乐讲师。

2021 年，我和女儿一起研习财富罗盘，回答了两个关键的问题：一是为什么要好好学习？因为知识就是财富；二是为什么不能乱花钱？因为省下来的钱，未来可以拿去投资，获得更大收益。

有家才有美好的未来！我衷心希望有更多的女性和我一样，关注自我提升，发挥出强大的内在潜力，成为更好的自己，经营好自己的家庭，影响更多的人。

我是王小芳，一名正面管教家长讲师、学校讲师、婚姻长乐讲师，致力于终身学习和家庭教育事业。我期待和你一起终身成长，让家发光。

# 张一珺

DISC双证班F57期毕业生

国家二级心理咨询师

高考志愿指导师

高效学习力教练

扫码加好友

**张一珺 BESTdisc** 行为特征分析报告

DC 型

DISC+社群合集

报告日期：2022年02月18日

测评用时：03分47秒（建议用时：8分钟）

**BESTdisc曲线**

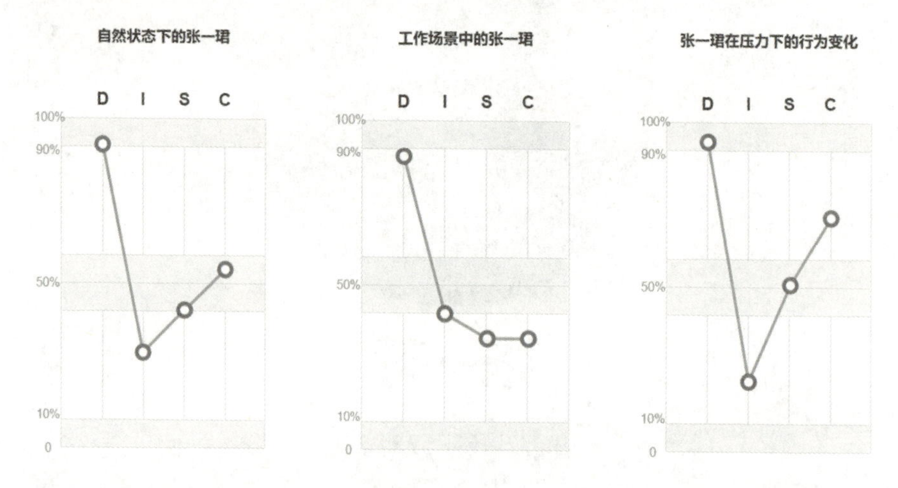


D值较高，表明张一珺时时关注目标，追求事事有结果，时刻准备迎接机遇和挑战。压力下，C值明显提升，表明在压力状态下，她能保持客观冷静、严谨专业的特质。

# 勿忘初心，终身成长

我叫张一珺，是国家二级心理咨询师、高效学习力教练、学业规划师，还是一个 9 岁小孩儿的妈妈。在几年的时间里，我取得了心理咨询师、美国正面管教认证讲师、演讲教练、高考志愿指导师等授权讲师证书；创建了优质女性成长社群：宝妈学院；举办了 300 多场线上线下读书会，讲授心理学知识，分享高效学习法；策划了上百场活动，促进亲子沟通，让父母和孩子一起成长，寻找生活中的仪式感和小确幸。

这一切，对 8 年前的我而言，简直是不曾有过的梦想。

## 转型，做对生命有意义的事

8 年前，我重拾书本，去大学的公共自习室里“啃书”。亲戚朋友们纷纷质疑说：“天天不务正业，不好好赚钱，跑去看书，看书能当饭吃吗？这么大年纪读书还有用吗？”我无法回答，因为自己也不知道未来在何方，但风里雨里，我从没有停止脚步。

我做过很多毫不相关的职业，频繁跳槽，往往刚了解了皮毛，就换了赛道，之前积累的工作经验完全没有迁移（现在看来，这些经历都是很宝贵的财富）。到了30岁，我还只是个功底不深厚、名气在18线开外的主持人。收入不稳定，工作时间不固定，今天不知道明天的收入在哪里。生了小孩后，我的身体没恢复，体力不济，无法花太多的精力在工作上。种种因素，让我产生了极强的焦虑感，整夜睁着眼睛望着天花板，连头发也不敢洗，因为越洗脱发越严重……

当然，最担心的是，作为一名刚转型还不太成功的大龄女主持人，从事吃青春饭的工作，还可以在台上站几年？

和播音主持专业毕业的青春靓丽的大学生相比，我的竞争优势又在哪儿？我越来越意识到，我需要一份更长久的、我热爱的、对自己有用的、对别人有价值的、不会因为年龄增长而被淘汰的职业。

转型为心理咨询师，与其说是误打误撞，不如说是偶然中的必然。

少年因为小事和家长、同学发生争执后采取一些极端行为；孩子因为学习压力，出现了严重的心理问题，只能休学或退学；有人因为自卑或“社恐”，不敢和他人交流，多年都不出来工作，靠父母打工养活；有人因为工作压力大，不堪重负选择轻生……这类新闻层出不穷。

每当看到一个个鲜活的生命，陷入心理困境无法自拔，甚至选择不归路，我就想到了多年前的自己，当时如果有一个人能伸出援手，把我拉出泥潭，是不是我的命运就会改变？那时，可能谁也想不到，从“学霸”变成“学渣”，只要一句话。有一次，我的数学只考了76分，老师恨铁不成钢地说：“就凭你，学习委员是怎么当上的？只考了这么点分，以后也没什么出息了吧！”

这一句话，让之前品学兼优的我产生了严重的自我怀疑：我真变成了无可救药、没有前途的人吗？因为自信心受打击，我的成绩也越来越差。在家里，我觉得自己是个多余的人；在学校，我无法安心听课，产生了厌学心理。

多年后，让人欣慰的是，越来越多的学校、家长和老师，包括整个社会，都开始重视青少年心理健康问题，提倡普及家庭教育。越来越多的家长，认识到自己才是孩子的第一任老师，愿意学习心理学知识，愿意为营造良好的家庭氛围而努力。

## 探索，将好事做好

当国家、社会和家庭越来越重视孩子的心理健康、重视家庭教育后，涌现出一大批心理学爱好者和从业者，这也是社会的一种进步，那么心理学从业者的职业状况和发展规划到底如何呢？

很多人问我："是不是考完证就可以赚钱了？"

我说："如果是医学生，学完课，看过几本书，就上手术台，你敢让他主刀吗？"

作为心理咨询师，如果想取得成就，需要投入巨大的财力、精力去长期学习包括精神分析、行为心理学、人本心理学、认知心理学等方面的知识，才能根据不同的人群特征，使用不同方法。

好的心理咨询师一定是经过长期的理论学习和案例积累，磨炼出来的。取得资格证书，只是万里长征走完了第一步。

据调查，心理学从业者通常在入行 5 年后，才能获得收益；入行 10 年后，才能获得相对较高的收入。很多人因为熬不过漫长的入不敷出的前五年而选择放弃。

8 年间，我陆续花了几十万学习女性个人成长、心理咨询实用技术、精神分析流派、行为心理学、认知心理学等方面的知识。为做好个人品牌，我还学习了新媒体运营、个人 IP 打造、短视频制作等。8 年间，收获最大的就是我加入了 DISC 双证班，迈入培训圈，变成了学习爱好者，后来又成了 DISC 平台的推荐讲师，不断打磨专业课程。DISC 双证班让我看到了榜样的力量，看到全国各地的同学们在各行各业绽放光彩。

DISC 双证班让我知道自己还有很多不足之处，需要不断提升。为了倒逼自己不断提升，我开启了各种形式的分享：线上翻转课堂、线下 300 多期读书会、心理学沙龙、两天一夜工作坊、寒暑假特训营、私教课、各种青少年公益课程活动……把所学的知识分享给大家。

## 坚持，向着初心的方向

教育培训市场蛋糕大，是很多人都想挤入的热门赛道。有些人只想迅速地分一杯羹，日渐背离了教书育人的初心。

我们开始打趣说："老实讲课的人赚不到钱，赚到钱的人不好好讲课。"扪心自问，我们从事教育到底是为了教书育人、帮助他人成长，还是将它作为快速赚钱、谋取利益的工具？面对前期准备的巨大付出与收获严重失衡，我为什么还要坚持，而不是去从事更赚钱的职业呢？

初心给出了答案：因为在分享知识给孩子的同时，我也被深深感动着。

印象最深的是去一所留守小学做暑期公益课。我选的主题是多米诺专注力训练。学校门口停着很多自行车，学生们是从很远的地方自己骑车上学。进入校园后，我看到的是并不平整的操场，歪歪斜斜的篮球筐，一栋不高的教学楼。听说平时老师们要教好几个年级或好几门课，我心想："完了，我的这个课估计孩子们连听都没听过，效果也不会好到哪里去。"

可真正开始上课后，我才发现自己多虑了。40 分钟，没有人交头接耳，也没有人嬉戏打闹。我们讲完基础理论，开始动手实践、小组比拼——按规定摆放多米诺骨牌。即将完成任务时，一位小朋友的奶奶推门进来，说："走走走，今天你大娘请客吃席，去晚了就没有座位了！"小朋友却喊着："奶奶，我不走，没下课，还没完成任务呢！"

我从来没想到，在离城市并不远的地方，有这么多留守儿童对知识如饥似渴。下课后，孩子们问："老师，你明天能再来吗？"我说："你们喜欢我的课吗？""喜欢，你明天还来好不好？"我只能安抚大家："我尽量，也希望把更多的知识教给大家！"

作为义工成员，我经常去儿童福利院和特殊教育学校，给孩子们讲授公益课程。在六一儿童节，我请特殊教育学校的孩子们画出心中最美的图画。当一幅幅图画被描绘出来，我结合绘画心理学告诉大家："放心，孩子们可能比我们还阳光。"也向校长做了反馈："谢谢您的辛勤付出，原以为这些孩子可能画出的是沉闷压抑、灰暗的世界，但图案都是新鲜、阳光、朝气蓬勃的，他们的父母可以放心了。"

我们可能经常埋怨命运的不公，但你是否想过，在同一片天空下，还有这么多命途多舛的孩子正在积极向上地成长着。我们还有什么理由不努力呢？

## 再出发，回归教育的本质

在这几年的实践中，我发现很多问题都可能源自原生家庭的影响。而大多数父母的焦虑，源自孩子的学习问题。单纯的心理咨询，并不能解决这些问题。

所以，我又迈上了新台阶——我成为高效学习力教练和高考志愿规划师。通过从小培养高效学习的能力，帮助孩子们打好基础，通过高考志愿填报指导，帮助他们进入理想的学校。我的目标是帮助家长远离焦虑和困惑。

人生由一个个选择组成：学校，意味着新的起点；行业，意味着以后的收入状况；城市，决定了平台大小和视野高度。选择无对错，适合才重要。

每年的高考后，面对家长和考生们的殷切眼神，作为高考志愿规划师，我深感责任重大。每当有学生和家长向我反馈："老师，我考进了某某高校，进入了心仪的专业。""老师，谢谢您，孩子比之前有了很大的进步，也有了目标和方向。"我比他们更开心。

如何从本质上解决问题，我认为需要系统高效的学习方法。很多孩子成绩不好，不是因为懒惰，而是缺乏学习的动力和学习的兴趣，兴趣才是最好的老师。愿意主动学习，才会拥有高效的学习力，才能不断提升学习成绩。我以客观和中立的视角，帮助孩子根据自身的特质和兴趣特长，规划未来职业发展。当孩子对未来有较为清晰和明确的目标，自我评价转向积极正面，有动力且愿意努力学习；家长和孩子之间的沟通顺畅很多，家长的焦虑也随之减少时，我也由衷感到开心。

成长并不只是孩子单方面的事，家长作为孩子的起跑线，也要保持着终身成长的心态。我坚决反对一味让孩子努力，家长自己却从不读书学习。

如果说学习心理学，可以更好地了解自己、理解他人，那么做高效学习力教练，则是从本质上帮助大家提升战斗力，拥有更多主动选择的权利。做高考志愿填报师，则是帮助孩子做好人生最重要的选择，帮助更多的孩子走入理想的学府。

让孩子不像当年的我一样，因为老师的一句负面评价放弃成长，在纠结和失落中，度过本该灿烂的年华，是我的使命和初心。

不论年龄多大，现状如何，地域在哪，我们都要保持终身成长的心态，把主动选择权握在手中，成为最想成为的模样。

未来，我会继续研究高效学习力，探索心理学的奥秘，分享更多实用的专业技能，和宝妈学院社群的小伙伴共同成长，帮助更多迷茫的人找到人生的目标和方向。

希望你跟我一样，勿忘初心，终身成长！

# 熊诗丽

DISC+授权讲师A12毕业生

大学老师

DISC认证讲师

DISC+社群联合创始人

扫码加好友

**熊诗丽 BESTdisc** 行为特征分析报告

**CD 型**

DISC+社群合集 

报告日期：2022年02月18日
测评用时：10分08秒（建议用时：8分钟）

**BESTdisc曲线**

自然状态下的熊诗丽

D I S C

100%
90%
50%
10%
0

工作场景中的熊诗丽

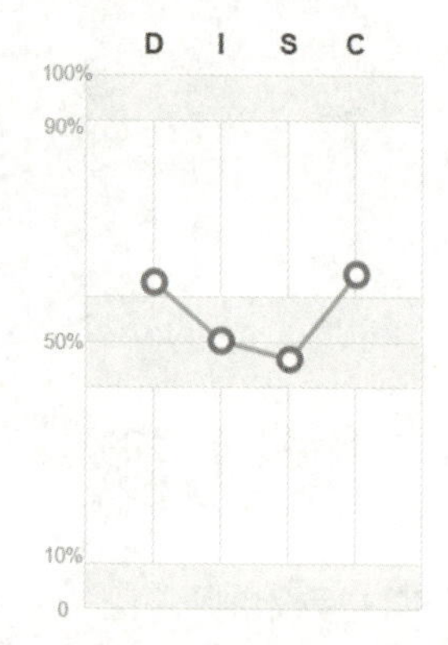


熊诗丽在压力下的行为变化

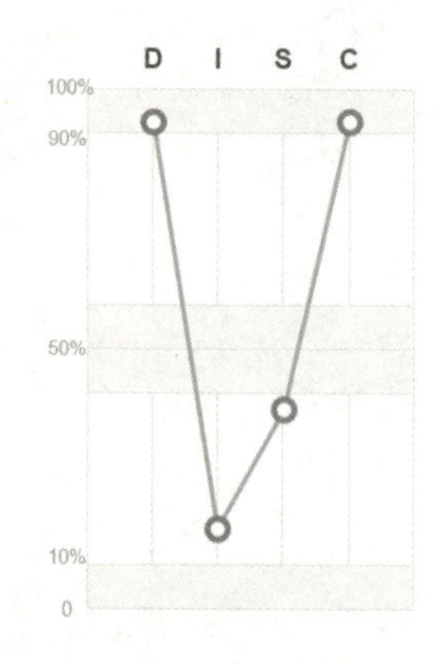


D-Dominance（掌控支配型） I-Influence（社交影响型） S-Steadiness（稳健支持型） C-Compliance（谨慎分析型）

C值最高，表明熊诗丽严格要求自己，注重规则和流程。D值较高，表明一旦明确目标，熊诗丽就能坚定有力地朝着目标前进。工作中I值、S值升高，D值、C值下降，表明她会更加关注他人的感受，工作方法更加灵活多变。

## 信，写给3年前的自己

谢谢你打开这封信，我是3年后的你。有一些话，我迫切地想要说给你听。

你正一个人躲在车里轻声哭泣，因为你刚刚被系主任约谈，你被学生投诉了！投诉理由是“上课讲得少”。“讲得少？”你用心经营课堂，真诚对待学生，怎么会得到这样的评价？难道此前的良苦用心都是白费？难道是自己错了？委屈、失望、落寞、沮丧等情绪涌上心头。

“为什么要创新教学方法？按照以前的方法，把该讲的内容讲完不就行了吗？为什么要做翻转课堂给自己添堵？”你哭得不能自已，在心里一遍一遍地追问。

### 困局

从教生涯走到第五个年头，你慢慢觉得自己像“复读机”一样，一遍一遍复述着可以倒背如流的教学内容。在互联网前所未有地发达的时代，人们需要什么学习资源、想听什么课，在各种网络平台上一搜就有，其中还不乏许多著名学者、行业专家的精品课程。“学生为什么要坐在教室里听我的课?”你开始怀疑自己的职业价值。

你尽心尽力地备课,逐字逐句地讲解,反复提醒知识要点,但教学效果始终不尽如人意。看着在讲台下睡觉、玩手机虚度光阴的学生,你经常束手无策、身心俱疲,在讲台上,你的步伐越来越沉重。

这样日复一日收效甚微的教学工作,让你慢慢失去了成就感和价值感,感觉自己就像掉进了深渊中,不断地往下沉……但心中总有一个声音在嘶喊:“不能再下沉了,你要自救,你要努力地往上游!”

你决定改变!只要开始行动,就会有所改变!

你不再机械地传授知识,转而寻找更多有益的教学方法,走上了创新教学方法之路。你结合自己留学法国时接受的教学模式,从以前的“以(老)师为本”,转变成“以(学)生为本”。你把基础知识录制成视频,课前发给学生预习,空出课堂上宝贵的时间,和学生一起解决重点和难点问题。你希望通过有趣的教学活动,提高学生在课前、课中、课后的参与度,让学生行动起来,不再被动地“听课”。

为了做好翻转课堂,你重新设计教学内容、教学环节,重新整合教学资料。这就好比把原来的房子拆掉重建,你必须思考每一块砖、每一片瓦怎么放。这个工作量是难以想象的,耗费的精力也是难以想象的。但是你不在乎辛苦,满腔热血地朝着理想中的课堂努力着,对美好的结果充满期待。

然而,你得到的却是学生的投诉!良苦用心不被理解,推陈出新不被认可!你好像又回到了原点,被困在那个封闭的角落里,找不到出口。

## 发现

如果你遇到困难,说明你正在成长!去学习吧,像海绵一样,吸收新的知识和理念。因为只有这样,你才可能打破自己的思维困局,找到新的出口。

你偶然发现了 DISC 理论，这种用来了解人、认识人的工具。结合 DISC 理论对学生进行“再了解”之后，你意识到自己设计翻转课堂时过于片面了，没有考虑学生的个性化需求。你把一种教学方法运用在所有类型的学生身上，当然不能面面俱到。

有喜欢听重点的 D 特质学生、追求趣味挑战的 I 特质学生，也有需要手把手教学的 S 特质学生和善于分析思考的 C 特质学生。通过 10 分钟的简单测评，便可投其所好，提高分类教学的精准性。比如，多给 D 特质学生布置客观题，多给 I 特质学生布置有趣的课外拓展题，多给 S 特质学生带有具体操作步骤的参考资料，多给 C 特质学生补充知识背景和案例。

翻转课堂中有大量分组练习的活动，目的是组内成员通过小组讨论和学习，取长补短、互相启发、共同成长。以前，由于缺乏沟通技巧，学生们一言不合就吵架，最后不但学习任务没完成，还影响了他们之间的友谊。碰到这种情况，你也很被动。没法有效指导的分组学习，最终只会流于形式，很难发挥出它的作用。

在 DISC 理论的帮助下，学生能够掌握一定的沟通技巧，并解决内部矛盾。就算学生无法解决，你也能针对性地给予指导。通过在小组作业中反复练习自己的沟通技巧，学生的领导力、沟通力、团队协作能力等都得了相应提升，在课堂之外，他们与朋友、恋人、家人的关系也更加融洽了。

在审计教学中运用了一段时间的 DISC 理论之后，你惊喜地发现，有越来越多的学生爱上了历年来被评为“枯燥难懂”的审计课，甚至有学生想挑战高难度的 CPA 考试（中国注册会计师考试）。

DISC 理论为你打开了新世界的大门，帮助你发现了自己做翻转课堂时存在的问题，帮助你认识到了学生的个性化需求和个性化差异；让你更懂学生，更了解每一个学生的优势与挑战。

未来，你会在教学创新过程中碰到很多困难和挑战，但是请你相信，困难终将被战胜。只要你能坚持初心，不轻言放弃，就一定会在教学创新的道路上收获更大的成功。困难并不是坏事，而是自我成长的契机。

## 突围

困难困难，困住就难，出路出路，走出去就有路！如果你想寻求更大的突破，就不能停留在自己的舒适圈，要勇于寻找常规教学以外的挑战。

在你结合 DISC 理论进行教学创新并有了一定的经验积累之时，“全国职业院校教师技能大赛”如期举行，它被誉为“教师比赛中的奥林匹克”，很有挑战性。你迫切地想用它检验自己目前的教学创新成效。你要突围！

比赛中，你将跨越三项障碍：

精力不足。从参加校赛选拔、省赛初赛，到最后省赛决赛，在长达半年的备赛时间里，你过上了疲于奔命的生活。身为老师，你要完成日常繁重的教学工作；身为妻子和母亲，你要兼顾上有老、下有小的生活。

在备赛期间，你已经分不清工作日和周末，争分夺秒地备赛，每天沉浸在对比赛的思考、讨论、复盘、改进中，不知道有多少个夜晚，加班备赛到深夜。你平均每天的睡眠时间不足 5 个小时。

能力不足。大赛要求先提交 3 个 10～15 分钟的讲课视频，并且要求“一镜到底”，一次性录制完成，不能剪辑、不能拼接。这对老师的表达能力、讲课能力，包括老师与学生之间的默契程度提出了非常高的要求，哪怕重拍十几遍，也得保证每一个视频的质量。

在备赛中，你学会了剪映、抖音、Vlog、3D 全景视频等时下流行的软件，把生活中流行的软件变成了你的教学工具。你让学生把学习讨论的结果发布在抖音上，看看谁的点赞数最多，没想到一下子就把学生的积极性调动起来了，把教学活动变成了学生愿意主动参与的游戏。

经验不足。决赛的开头和结尾碰到的一些突发事件，让你印象深刻。比赛倒计时，你停下演讲去连接设备，解决突发故障。然而，待设备恢复正常，已经过去了 3 分钟，你只剩下 4 分钟的比赛时间。你必须迅速提炼演讲要点、精简内容，用 4 分钟时间阐述原本需要 7 分钟才能讲完的内容。

在最后的答辩环节，你因为经验积累不够，答辩时缺乏自信。

纵使有很多遗憾，但你最终跨越重重障碍，拨云见日，取得了校赛一等奖、省赛二等奖的成绩。

你没有停下挑战的步伐，主讲的双语在线课程“财务会计”(Financial accounting)也在全省高职院校报送的上百门课程中突出重围，被评为“江西省精品在线开放课程”。

你深刻地体会到，这些成绩得益于自己勇于打破固有的思维方式，不断学习专业以外的技能，拆掉了思维的高墙。

## 生长

一日课间，你注意到一个蓝色头发的女生独自蹲在走廊角落里打电话，听到她哽咽着说：“我觉得自己没有未来，不如不读了……”

你不知道她的名字，也不知道她到底遇到了什么困难，她在前程似锦的年纪，却觉得自己没有未来。你着实被她的话震惊了。

在高职校园里，她不是个例。大部分进入高职院校的学生，认为自己在高考这场重要的人生战役中战败了，信心大受打击。心灵创伤还没有得到修复，就要开始独自面对完全陌生的生活和学习环境。灌输式的教学方式、枯燥的理论知识，又在很大程度上扼杀了他们的求知欲。没有信心，没有求知欲，学生也就缺乏主动学习的动力。

想起大学时候的自己，稚气未脱就要被迫思考职业生涯规划。“谁能告诉我未来在哪里？”那时候你多么希望身边能出现一位人生导师，帮助自己寻找人生的答案。

教书育人，教书是目的，但育人才是根本。学生需要的，不只是可以讲好一堂课的老师，更需要的是人生导师，人生导师就像他们人生海洋上的灯塔，能引领他们看到美好的未来！

你惊喜地发现了财富罗盘工具，看着像游戏，实际上是浓缩了40多年历史的财商课程。财富罗盘与DISC有深入的融合，双剑合璧，简直太完美了。你马上将它带入课堂，果然深受学生喜欢。试问有哪个学生会拒绝游戏呢？

在游戏末复盘阶段，一个女孩儿泣不成声，她因为家中长辈有重男轻女的思想而长期处在自卑中，这种自卑导致她平时不敢发声，不敢追梦。同学拥抱她、鼓励她，她和大家高呼："我们一起加油！"现场感人至极。

通过游戏，学生看见了自己不成熟的行为，比如推卸责任、优柔寡断等，他们开始思考如何修正自己的不成熟行为，规划有意义的大学生涯。从规划自己的生活费开始，不再坐享其成，而是省下一部分钱用来理财。理财需要专业的财务知识，学生自然把目光聚焦到自己所学的会计专业知识上，学习因此有了方向和目标。

教书育人，做到这里是不是就够了？很遗憾，这还远远不够。人民教师，承载的是生命的重量和质量，在前进的路上没有尽头。

教书育人的老师除了具备扎实的专业知识、爱心和责任心，还要具备改革创新的决心、探索世界的好奇心、敢于自我突破的信心和持续修正的恒心。最关键的是，请你坚持锻炼身体！教学任务是繁重的，科研任务是艰巨的，实施教学创新需要耗费大量精力，健康的体魄才是支撑持续进步的基石。

未来，你依然在教学创新的路上前行，你的出发点是为了学生，但你因此得到了更多的锻炼和成长。在历经一次又一次的学习、挑战、突破之后，你看到了自己旺盛的生命力。你决心像一棵成长中的大树，不断地扎根土壤、吸收营养，努力和学生一起向阳生长！

你在教育事业上找到了成就感，在教书育人的岗位上找到了价值感和使命感！你感谢自己所经历的一切，更感谢当初没有放弃努力的自己！

3年后的你 敬上

# 苏星宁

DISC+授权讲师A14毕业生

高情商学习力创始人

青春期心理咨询师

企业家心智模式一对一教练

扫码加好友

**苏星宁 BESTdisc 行为特征分析报告**

**CSD 型**

**DISC+社群合集** 

报告日期：2022年02月13日

测评用时：03分40秒（建议用时：8分钟）

**BESTdisc曲线**

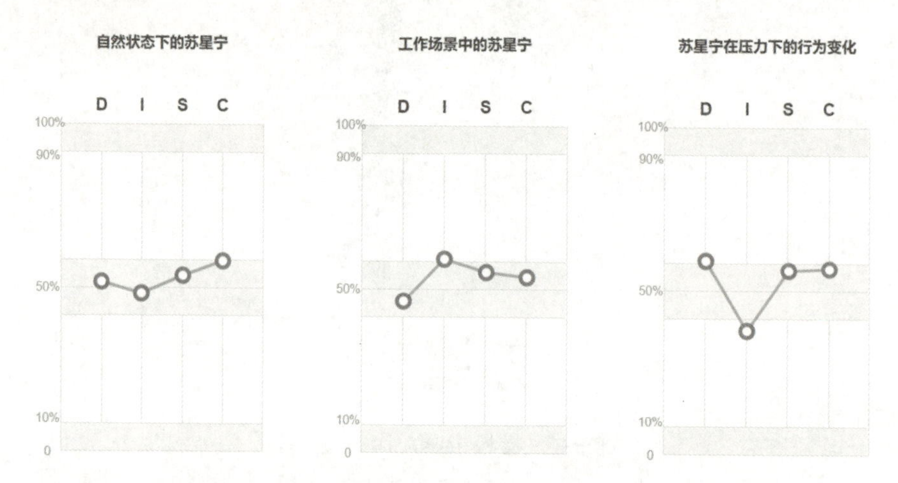


D-Dominance（掌控支配型） I-Influence（社交影响型） S-Steadiness（稳健支持型） C-Compliance（谨慎分析型）

S值、C值相对稳定，表明苏星宁待人宽容友善、做事严谨认真。工作中，I值提高，表明她在工作中，会主动沟通，展现出良好的表达能力和影响力。压力下，D值提高，表明压力下，她更聚焦行动和结果，敢于突破。

# 青春期有我和你一起度过

大家好！我是资深心理咨询师苏星宁，今天想和大家分享我工作中很重要的一个部分——青少年心理咨询。粗算一下，我已经累计为青少年提供心理咨询超过2万个小时。

中国科学院心理研究所发布的“心理健康蓝皮书”《中国国民心理健康发展报告(2020)》显示，18～34岁青年成为最焦虑群体，2020年我国青少年抑郁症检出率为24.6%，其中，重度抑郁为7.4%。

这些年，我见过长期经受情绪困扰的孩子与父母大打出手，最后父母和孩子都伤痕累累；遇到过孩子进了咨询室就直接躺在地上，一句话也不说，一副生无可恋的样子；还碰到过一位花季少女把自己的十个手指啃到血肉模糊，扯掉自己的头发，不敢上学，每天躲在家里暴饮暴食。

这些年，我也见过可怜的妈妈，因为孩子的情绪问题过度焦虑，结果自己也患上了严重的抑郁症；还见过极力想挽回亲子关系的爸爸，低声下气地求孩子和自己好好说话，却换来孩子一顿臭骂……

与他们共情时，我感觉自己的每个细胞都很痛，那份深深的无力感，击碎了孩子们的学业和健康，也击碎了一个个家庭。

不是说天下无不是的父母吗？为什么父母会成为孩子最抵触的陌生人？

不是说每个孩子都是天使吗？为什么天使会变得如此暴躁无常？

……

## 找寻“身份”

多年来，我经常主动分享自己在青少年心理咨询中的心得。我迫切希望有更多人关注青少年心理健康，加入关爱青少年心理健康的队伍。为了更好地为广大家长和青少年服务，我深入学习了 NLP 六层理论。

班得勒和格林德于 1976 年首次提出 NLP 理解六层次理论，该理论通过环境、行为、能力、信念（价值观）、身份、精神六个不同维度，从下到上阐述不同人在面对外界事物时的思维方式和处理方式。微软前总裁比尔·盖茨、传奇企业家杰克·韦尔奇等名人都接受过 NLP 培训，很多世界 500 强企业也将它用来培训员工。

以一个孩子为例。孩子学习需要学校等环境支撑，这就是基础的“环境层”。“行为”关乎孩子的学习行为，比如读书、写字等。孩子在学习中需要应用的理解力、记忆力、想象力，就是“能力层”的内容。大部分成年人和孩子能够达到“能力层”。

在“信念层”，孩子能发自内心地对学习产生一些正向的信念，比如：学习有很多好处，可以帮助我获得别人的认可，可以增加新的知识，让我获得乐趣等等，并愿意做出相应计划与行动。孩子积极、自发地学习，家长才不用为孩子的学习焦虑。

孩子找到“我是谁”“我要成为谁”“我要立志做一件怎样的事情”这三个问题的答案，就能自发构建好“身份层”。

在“精神层”，孩子需要思考这个世界和我的关系、我要为这个世界贡献什么价值，比如范仲淹的“先天下之忧而忧，后天下之乐而乐”，周恩来总理的“为中华之崛起而读书”。

NLP 六层理论阐明了强大系统观的重要性，系统观越庞大的人，越可能拥有坚强的毅力和付出努力的决心。

## 聚焦青春期的孩子

解决青春期孩子心理问题，最重要的是什么呢？

给大家提供一个线索：据很多青春期孩子的家长反映，他们头疼的问题多是孩子玩手机成瘾，不上学，不洗澡，不喜欢交朋友，早恋，涂改成绩，放学不回家……

大家发现了吗？这些基本上都是"行为层"的事情，而"行为层"是由"信念层""身份层""精神层"决定的，其中"身份层"处于中心位置，它对上连接"精神层"，对下连接"信念层"。"身份"就是那把打开青春期孩子关闭的心门的金钥匙，我们首先要做的就是帮孩子找到他们的身份。

心急如焚的家长听到这个答案后，眼神里充满怀疑。对于家长的疑虑，我可以理解，一是他们太希望通过我"药到病除"；二是他们还不能完全相信孩子的感受和理解孩子的行为。

下面我分享一个真实的咨询案例来证明一个人找到身份的重要性。

案例的主人公是一个深受青春期情绪困扰的女孩，她身材有点胖，喜欢穿中性服装，还坚持留短发，周围的同学因此误认为她是同性恋。她心情非常糟糕，甚至到了割腕自杀和跳楼的地步，还好每次都被人救下。女孩的学习成绩一落千丈，与同学的关系也非常紧张，她拒绝上学，在家里不起床、不洗脸，心情不好时还会砸东西，被诊断为重度抑郁症。

女孩的父母找到我时，已经做好送她去精神病医院的打算。因为他们已经束手无策，对孩子和生活几乎都失去了信心，整个家庭岌岌可危。我非常心疼女孩和她憔悴的父母，特别希望能够给予这个家庭帮助，和他们一起在绝望中寻找希望。

在与女孩的交流中，我发现她是一个特别有想法、有原则，但是不太擅长表达自己真实情绪的姑娘。我为她制订了针对性咨询计划，帮助她从自身经历出发，找到一个让自己内在安静有力的身份定位：将来做一个解决青春期同性恋心理困扰的自媒体人或者心理咨询师。显而易见，她希望能帮助那些青春期的少数个体，而她自己要成为这些人的带头人，探索如何消弭别人的误解，优雅而精彩地活着。

找到身份的女孩重返校园，面对同学们的误解，她尝试用各种方法勇敢应对。她会回到咨询室和我讨论各种方法的成效，甚至还去找寻奏效的理论依据。她说要确保方法是有效且可以复制的，这样才能帮助更多的人。女孩的变化很大，她改变了自己所处的环境，她解决困难的能力也变得越来越强，让我深深佩服！

## 给家长的建议

曾有一个焦虑的妈妈来向我控诉孩子的种种过分行为，比如孩子整天只知道玩游戏，不想写作业，根本不听父母说话等。正值青春期的孩子，面对母亲的指控表现得不屑一顾。为了获得有效信息，我分别与他们进行了一对一交流。

在与孩子的交谈中，他问了我一个问题："为什么我的爸爸妈妈天天拿手机玩，我就不行？"之后他又发出了疑问："他们整天说不好好学习将来活得不好，我也没觉得他们活得多好啊？再说了，我也没有觉得活着有什么好玩的。"

这个案例是当今很多家庭的缩影。我强烈建议家长们也利用 NLP 六层理论检视自我,你的身份是什么?因为我发现有相当数量的家长几乎从未对自己的“身份层”进行过探索。就如同这个案例中的妈妈。

试想如果这位妈妈确立了自己的独特身份,并为之不懈努力,也许她给孩子的提醒就不仅仅是“你不好好学习,将来就过得不好”,而是可能会像朋友一样分享自己实现人生价值的心路历程。如果家长的状态是为了确定的目标而积极努力,这对于孩子的状态改善是很有效果的。

在青少年没有找到自己的身份,并全身心为之努力之前,所有的方法都是外在的。只有当我们触摸到了自己,身心合一做自己的时候,问题才不再是问题。

## 独一无二的“我”

学习了 NLP 六层理论,我首先对自己心理发展过程进行了回顾。在找到心理咨询师这个身份之前,从青春期开始内心没有方向的不安感一直困扰着我。

初中时期,我在安徽一个乡村中学里读书,没有人给我解释我在青春期所遇到的疑惑。我不敢表露,也无人可倾诉。那个年代流行交笔友,我也想找个熟悉的陌生人倾诉心声,但怕被人说早恋。爱看书的我想出了一个稳妥的办法,就是给杂志社写信倾诉心声,幸运的是,有位好心的编辑一直给我回信,在千里之外通过文字安抚懵懂胆怯的我。

直到大学毕业,这种淡淡的、一直存在的漫无目的的不安感逐渐消失了,因为我从事了心理咨询行业,为广大青少年以及家长提供咨询,找到了自身真正的价值所在,在不断的学习和自我提升中,我的内心变得充实有力量。

我终于找到了自己:我要成为一名优秀的青春期家庭心理咨询师,我要成为一个温暖的人,不仅温暖自己,还要温暖别人。一个人认可了自己的身份,就会积极面对前进道路上的一切困难与挑战。明确了身份之后,任何难的课程、不同类型的心理咨询案例,对我来说都不再是困难,我突然变得从容多了。现在的我，全身心致力于帮助更多有需要的青少年和家长。

我相信，所有的辛苦都将成为奋斗道路上最美的风景，因为这一切都是值得的。最后，作为一名青春期家庭心理咨询师，我祈愿所有青少年带着梦想奔赴未来，书写畅快人生，我愿意携手所有父母为青少年铺就生命之路无私奉献、保驾护航。

# 第五章

# 人生感悟

# 人生感悟篇

## 人生就是走好你选择的路

作者：仲小龙

想做还是该做的选择
如何做看起来差不多的选择
梦想还是现实的选择
如何接受所有结果的选择

1

## 人生由我不由天 幸福由心不由境

2

作者：齐月

一个从“学渣”
到闪耀讲师
七年工资翻
10倍的故事

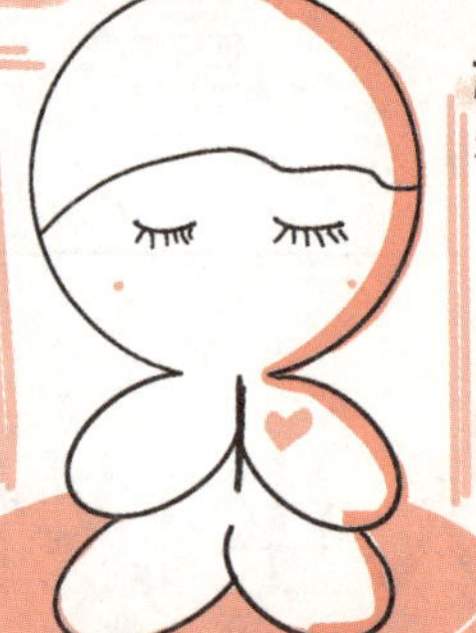

3

## 平衡的人生才是值得追求的人生

作者：刘峰

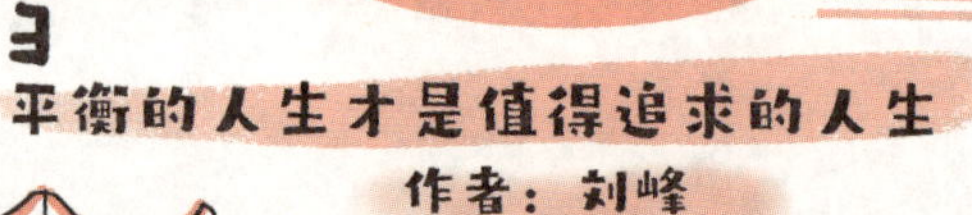

与人们自身最密切的三种关系
就是工作与生活、“学”与“习”、
亲密与亲子关系
实现这三大关系的“平衡”就达
成了平衡人生状态

4

## 放下骄傲与恐惧 在直觉中享受梦想人生

作者：马美华

从稳定、安全、确定的直线前半生
经历一系列人生突变和中年拐点
最后踏上觉醒之旅，开启享受真我
后半生的故事

5

## 重新出发

作者：张海蓉

一个70后不断改变、
不断挑战、重新出发
的感人故事

# 仲小龙

DISC+授权讲师A0毕业生

世界500强国企管理从业者

当当新书励志榜第一合著者

心理咨询师

BESTdisc推荐认证咨询师

扫码加好友

**仲小龙 BESTdisc** 行为特征分析报告

CDI 型

DISC+社群合集

报告日期：2021年12月06日

测评用时：09分02秒（建议用时：8分钟）

BESTdisc曲线

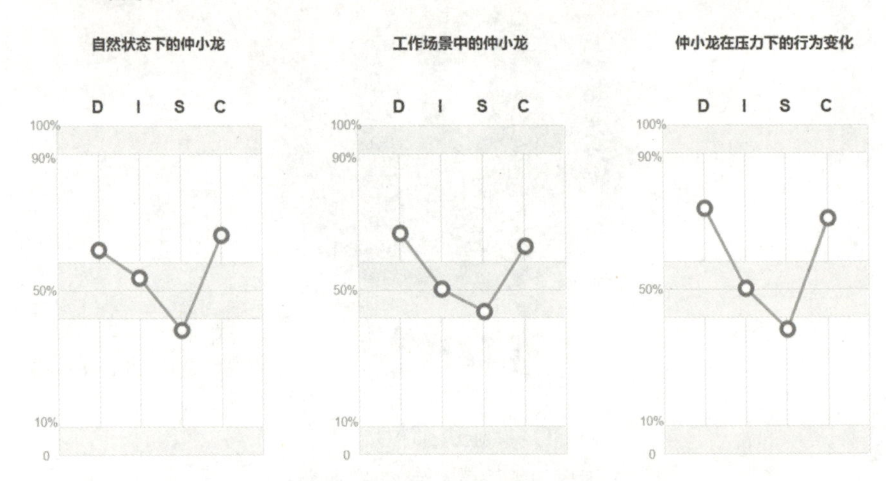


D-Dominance（掌控支配型） I-Influence（社交影响型） S-Steadiness（稳健支持型） C-Compliance（谨慎分析型）

D值、C值相对较高，表明仲小龙追求效率和达成目标，又不放松对细节和品质的要求。压力下，D值、C值升高，表明仲小龙在处理紧急重要的事情时，聚焦目标和结果，对细节的把控更加严格。

## 人生就是走好你选择的路

你的人生中是否有过影响你命运的选择？是的，就是那些选择，成就了现在的你，无论它们在当时看起来是多么明智或糟糕。

厉害的人就像命运的魔术师，总会让自己的选择变成正确的选择。你可曾回首仔细思考当初的那些选择？你一定觉得这种思考看起来没有什么价值，因为时光无法逆转，想了也是徒劳。通常的思考，到这里就结束了！

因为有了这样的思考，我选择成为公益心理咨询师，陪伴那些需要面对选择的人。选择公益，一是缘于还有主业支撑；二是为了磨炼心理咨询技能，以便为所在组织和团队赋能。

也有朋友问过我，关于选择，本人自己都举棋不定，“外人”又能帮上什么忙？必须承认，这位朋友提了一个大多数人都会问的好问题。实话实说，有时候连咨询师都很难给出标准答案。也许，能给的建议都在我和选择的故事里……

刚刚踏入小学的那一年，那个五岁半的小男孩做了人生的第一个重要选择：想做还是该做。

在之后的1800多天里，那个小男孩交作业的次数没有超过10次。他为了逃避交作业，还把作业本偷偷藏到学校操场的篮球架子下。有一次，就在他信誓旦旦地说忘了带作业的时候，没想到同学却说：“我看到他藏了作业本！”五分钟以后，他带着作业本站到了教室外面。

选择分享这段“糟糕”经历的价值何在？

## 改变的能力，比选择的能力更可贵

大多数人甚至都没有正视和面对真实的自己的勇气，更谈不上改变。通常，厉害的人的身上，既有坚持自己的选择的勇气，也有改变选择结果的能力。

选择本身没有好坏，决定最后结果的是你做出选择后的行动。即使选择本身并不完美，但如果积极面对，后果不是得到就是学到。

当历史已然无法改变，在这个小男孩“不完美”的行为背后，我们能否帮助他通过选择来获得一些力量？

收获一，坚韧。男孩在1800多天的时间里，既要绕过家长的督促，又要给老师不重复而且解释得过去的理由，还得躲过同学的监督。在这种高压环境中，小男孩的意志之坚定、心理之强大可见一斑。

收获二，坚持。绝不轻言失败，屡战屡败、屡败屡战，明知结果是必定会失败，小男孩却坚持了1800多天，用行动证明，打不倒你的，终将使你更加强大。

收获三，心态。当小男孩成为家长后，面对孩子的功课，大部分时间都可以保持不急不躁。

可见“祸兮福之所倚，福兮祸之所伏”。说到这里，必须要郑重感谢当年学校领导和老师没有彻底否定那个小男孩，感谢你们当年所做的艰难而又正确的选择。

一个如此顽劣的男孩，生命又会留给他什么选择呢？

十五岁半，托第一个重要选择的福，男孩中考落榜，当时摆在他面前的是三个“看起来差不多”的选择：复读，践行“从哪里跌倒就从哪里爬起来”；去一所技工学校实习；去一所中专，继承“头戴铝盔走天涯”的油三代身份。

他的选择，让他拥有了一份干了20年还在继续从事的工作。大概也就是20年前，在分配双选的栅栏外，男孩看到了一个歇斯底里的母亲和另一个男孩，那个母亲不停地念叨：“早知道当初就不该让你上高中，看现在有什么用，连个门都进不去。”那个下午、懊悔的母亲和无助的男孩，让他第一次感受到有时选择比努力更重要。

## 选择的不是得到什么，而是放弃什么

选择都是有成本的，当你选择大城市的时候，就等于放弃了安逸；当你选择小城市的时候，就等于放弃了繁华。人们难以选择，往往也只因贪心，既要又要还要，欲壑难填。

二十五岁半，男孩工作的第六年，他又面临一个“梦想还是现实”的选择，一边是工作稳定、收入尚可的平稳生活，一边是前途迷茫、收入未知的未来。当时，除了男孩的母亲，家里没有人支持他，他几度徘徊在放弃梦想的边缘，差一点就选择平稳生活了。如果他当时选择了平稳生活，就不会考研，也不会因为备考时的一次乐于助人而偶遇一位女同学，更不会有后来的“孩子她妈”。

## 不做选择本身，才是最坏的选择

如果没有当初的那个选择，也许他现在依然还是“一条没有梦想的咸鱼”。建议可以听，但选择要自己做，建议本身不就是你可以选择听，也可以选择不听吗？鞋磨不磨脚只有自己知道。一切问题都会因你的行动而改变。努力不等于成功，但努力会让你拥有更多的选择，尤其是当你还心存善念的时候。

三十五岁半，他又面临一个“如何接受所有结果”的选择。这次是单位有一个援藏招募活动，他顺利通过选拔，援藏一年，其间他去了中国人口最少的乡慰问边防战士，去了布达拉宫、大昭寺和珠峰大本营。那时候他精力充沛、废寝忘食，高原反应没有难倒他，两颗不同侧的大牙崩裂，无法立刻就医，也没有难倒他，那时候，他痛并快乐着！

然而，他并没有意识到一场危机正在悄悄临近，在刚结束援藏返回单位的大半年时间里，他从自信到自我怀疑。这段经历让他明白了，一个人需要警惕的往往不是你爬山的时候，而是当你爬到山顶理所当然认为可以休息的时候。因为从登顶的那一刻，就意味着要开始思考如何安全下山，如果你不主动思考，问题就会跳出来帮你思考。

妻子当年曾经问过他：“后悔不？”当时他没敢说实话。不承认，不是因为没勇气，而是因为他知道后悔是最没用的情绪，一旦承认了，就意味着他不但要面对当前的困顿，还要陷入否定过去的情绪中，得不偿失。

# 走好选的路，而不是选好走的路

最后他终于想通了，世上本没有所谓的正确选择，与其瞻前顾后，不如努力奋斗，让选择变得正确。

援藏后，他又做了一个新的选择：放弃从事了20年的工作，离开生活了30多年的小城，重新出发。

他做出这次选择所耗费的时间比之前短了一半。因为有了之前选择的经历，他对选择本身有了更深的理解，对选择的结果有了更豁达的认知。他明白了，选择无处不在，与其逃避，不如面对。

每个人，都会有自己的选择，西天取经是玄奘的选择，东渡扶桑是鉴真的选择，弃医从文、以笔为枪是鲁迅的选择，“面朝大海，春暖花开”是海子的选择，遵循内心活成无可取代是三毛的选择，能够看到这里是你的选择。

无数个像这个男孩一样的人和选择之间的故事还在继续，真心希望每一个看过这个故事的朋友，在未来都能做好每一次选择。

也许选择并不总会如我所愿，但至少我愿意相信，通过讲述男孩和他选择的故事，多少会引发一些思考。五岁半那年的选择是关于克制，十五岁半那年的选择是关于取舍，二十五岁半那年的选择是关于不甘，三十五岁半的选择是关于接受，如今的选择是关于传递……

如果我的故事，能让你在未来做选择时，少些抱怨，多些接受，少提点问题，多想些办法；即使明知每一个选择，注定会留下遗憾，却依然可以保有选择的勇气和接受的能力，那我的分享就是一件极好的事情！

最后，感谢看到这里的朋友，感谢一起共创本书的伙伴，更感谢做了这次共创选择的自己！人生本就是想尽一切办法，把你选择的路走好，走好自己选择的路，活出一个值得拥有的人生。

我是仲小龙，一名公益心理咨询师，坐标西安，我愿意和你一起直面选择，共创精彩！

# 齐月

DISC+授权讲师A13毕业生

DISC+社群联合创始人

DISC授权认证讲师

上市公司投教讲师

扫码加好友

**齐月 BESTdisc 行为特征分析报告**

ISC 型

DISC+社群合集

报告日期：2021年12月28日

测评用时：06分15秒（建议用时：8分钟）

BESTdisc曲线

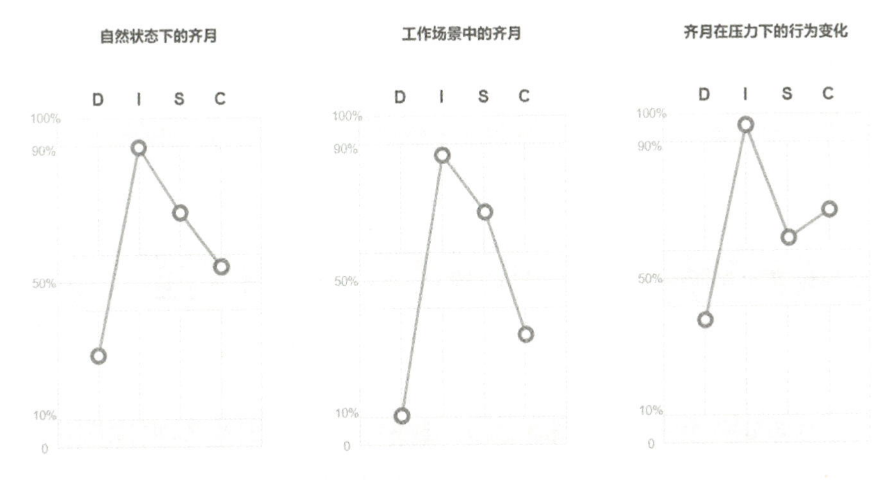


D-Dominance（掌控支配型） I-Influence（社交影响型） S-Steadiness（稳健支持型） C-Compliance（谨慎分析型）

I 值、S 值相对较高，表明齐月工作和生活中，既善于通过表达影响他人，又善于聆听理解他人的需要。工作中，C 值、S 值降低，表明齐月如果有了明确的决定或计划，会坚持执行下去。

## 人生由我不由天，幸福由心不由境

有这样一个“学渣”，学会计专业的她大学四年只学会了“有借必有贷，借贷必相等”，你猜，这个人现在会是什么样呢？如果有人告诉你，她毕业7年，工资翻了10倍，可能吗？

我可以很坚定地告诉你：“可能。”

如果你现在求职无目标、个人期望与现实差距大，觉得前路迷茫，希望我的经历可以帮助你。

我的故事还要从高中说起。

高考填志愿时，我和大多数考生一样，不知道要报什么专业，听身边的人说“小姑娘学会计多好，会算账”，于是，数学从来没有及格过的我竟然报了会计专业。上大学之后，没人管了，想怎样就怎样，必修课选逃，选修课必逃，因为真的听不懂。我是个文科生，数学本来就不好，面对高数、线性代数、微观经济学、宏观经济学这些科目，头都大了。从初级会计学到高级会计，老师在讲什么，我完全听不懂，大学四年只学会了一句话“有借必有贷，借贷必相等”。

2014年，我毕业了，毕业即失业，不知道自己能干什么。不知道怎么投简历，也没想过走校招，但是好在亲戚是开公司的，于是顺理成章地来到了他的公司。亲戚让我从出纳干起，还特意找了个资深的老会计带我。第一次核对账本，我因为差了几块钱，核对了一天。当时只有一个感觉：自己真是太笨了。很长时间，我都沉浸在负面情绪中，觉得上班怎么那么难？

就这样，低落了一段时间，直到公司做了新项目，我的职业生涯发生了改变，从会计变成了“伙计”，除了会计不会干，其他什么工作都接触，什么工作都干。因为项目需要接触很多人，在工作中需要锻炼说话能力。我第一次在团建活动上讲话，当时大脑一片空白，感觉身子都僵硬了，心跳到了嗓子眼儿。我强迫自己在工作中多讲话，逼着自己在早会上发言。就这样，我越讲越多，越讲越有底气，说话能力提升，也变得自信了。

但有时，我也会茫然，我没有一项专业的技能可以支撑我在未来的职业道路上走得更远。于是，我做了一个大胆的决定——辞职，出去闯一闯，见见世面。

离职之后，我多了一股不服输的劲头，想证明自己凭借能力可以找到一份好工作。但是我连简历都没写过，要做什么，又能做什么？没办法只能硬着头皮找机会。

## 不断挑战自我，才能成为强者

一次偶然的机会，一个朋友对我说，人才市场大型招聘会开始了，一起去看看吧。招聘会到处人头攒动，我看了好几圈也不知道能干什么，正当我灰心丧气地打算回家时，一个人递给我一张传单，邀请我去他们公司试试。实在是找不到出路的我，抱着试试看的心态去了。

我在这家公司待的时间并不长，也就一个多月的时间。但在这家公司，我发现了自己的特长！在大部分人不敢上台讲话时，我敢上台分享，还得到了大家的好评：“真棒！你可以去做讲师啊！”我突然发现自己的天赋就是跟“说”有关，第一次知道讲师这个职业。

从这家公司离职之后，我开始搜索所有跟讲师有关的工作。没有专业的技巧和能力，如何做讲师？我就从讲师助理做起。

我工作的新公司的讲师们以销讲为主，通过讲授的能力卖产品。我从助理做起，天天给讲师拎包，给讲师准备教具，一天要跑好几个地方。有人问我："你会不会觉得太辛苦了，每天都要坐车，你还晕车呢！"我很坚定地说："我可以，不觉得辛苦。"很多时候放弃很容易，但坚持到底的感觉，实在太好了。

感到累的时候，我就不由自主地往讲台上看一看。讲师在讲台上发光，享受着掌声，享受着喝彩，我给自己打气：我也要站上讲台，我也会在讲台上像他们一样发光。对于我来说，所有苦都不是苦。我一边做助理，一边观摩讲师们的讲授技巧，找自己喜欢也能驾驭的讲授风格。我白天当助理，晚上背稿，一遍一遍讲，对着镜子讲，对家人讲。

我第一次上讲台的时候，非常紧张，但我还是踏出了第一步，我成了"全公司最快速度从助理晋升为讲师的人"。

有资格成为讲师，不代表能做个好讲师。我更加珍惜每次讲课的机会。公司实行派单制，好的工作先是派给级别高的讲师，然后才能排到新晋讲师，我接到的工作，都是去饭店、幼儿园或者路途非常远的小公司做讲师。但我咬牙坚持，不断积累，演讲风格变得更自然。

做讲师、做好讲师的目标实现了，可很快我发现了新问题。我的课越讲越好，但并没赚到钱。在公司，很多不如我的讲师，工作又轻松，赚的钱也多。遇到这种不公平的情况，我只能努力让自己变得更强大。我相信强者恒强的原因，是因为强者不断地挑战自我，把握自己想要的人生。

## 拼搏，才能成就更美好的人生

有一天，我跟公司 HR 去人才市场招聘，一个应聘者让我更坚信，人生一定要有目标，一定要在该拼搏的时候拼搏。

这个应聘者已经是两个孩子的父亲了，找工作还是老婆替他投的简历。他双眼无光，显得特别颓丧，问他能做什么，他用很小的声音说："我也不知道能做什么，你这里有什么工作是我能做的，我先看看。"我突然想到了自己，现在的工作是我想要的吗？我现在的生活状态是我追求的目标状态吗？显然不是。

这个时候又需要做选择，很多时候做选择一定要有勇气，如果你坚信自己的能力可以创造价值，那你就要去更好的平台，实现自我价值，不要犹豫，不要后悔。

毫不犹豫地从这家公司离职后，我又遇到了新的困难。我只能讲好一堂课，延伸和演绎能力不够，但是我没有慌，继续投简历，因为我相信，只要有目标，全世界都会为我让路，而我认定的终点就在前方等着我。虽然前几段工作我没赚到钱，但是我赚到了经验。我成了讲师，我的讲师经验让我成功敲开了另一家公司的大门。在这家公司，我从讲师变成了培训师。

培训师不仅要有讲授的能力，还要有研课的能力、写培训方案的能力等等，但这些能力正是我所欠缺的。很多人对新的工作环境、角色不适应，就开始打退堂鼓，开始自我怀疑。请不要放弃，继续学习，逼着自己往前走，培养适应环境的能力。

我曾经没有目标，毫无学习的劲头，但当我有了目标，就主动学习相关技能，提升相关能力，我的目标就是我学习的动力。我主动看相关的书，多学多问，先复制，再超越。面对不会的课程，我找到在公司业务能力强的有经验的培训师，先听他们讲，再把他们的话术转换成自己的话术，最终成为业务专家。

我珍惜每次上台的机会，甚至连参加公司的早会都会非常认真地准备。借由一次次培训，一次次演讲，一次次突破，渐渐地掌握了核心能力：速记速讲和应变能力。这使我能快速适应不同类型的课程，不用刻意背稿，能将知识点进行延伸。我用两年半的时间，从培训师升为培训主管，又成了培训经理。

挑战总是在前方，当我有了稳定的生活、幸福的家庭，而公司却基于战略发展，将总部迁到深圳。我再一次迎接挑战——去深圳闯。一开始，家人都不同意，但我坚信选择做，就要做到最好，拿出成果、创造价值。最终，我和老公来到深圳，开启了充满未知的“深漂”生活。

来到深圳之后半年的时间，因为一些客观原因，我选择了离职。我没有像很多人那样打道回府，而是充满自信地留下来。我的自信源于工作的积累，我的能力就是王牌，就是底气。于是，我在没有资源、没有人脉的情况下，转型做电商，从培训师变成了项目经理。因为没有带项目的经验，所以成果很难体现，这让我有点懊恼，因为觉得没有充分发挥自我的价值。

经过复盘，我发现自己在讲课的时候才是最自信的，状态也是最好的。因为有线上培训的经历和多年培训经验，我成为一家上市公司的直播讲师。为了上镜更自如，找到线下讲课时的状态，我一次一次地对着镜子、手机练习。现在我的直播课程，已经拥有 2 万多名的学员，并且得到了学员们的一致认可和好评。这一年是我工作的第七年，我的工资也正好翻了 10 倍。

我的经历说明，不在不适合自己的工作上浪费精力，做喜欢且擅长的事，才是最好的职业选择，成功才会变得容易。离职不一定是坏事，前提是你要知道自己的目标，并且有核心竞争力。如果你求职无目标，跳槽没方向，对自身定位和未来都不清晰，那么你需要给自己设定一个目标：你要成为谁。找到你喜欢并且擅长的事情，不放弃学习，不断提升自己的能力。

你想成为什么样的人，你就能成为什么样的人。当你有了一个明确的目标之后，心里就会产生一个坚定的信念，它会不断地激励你朝着那个目标前进。离目标越近，接触的人和所处的圈子也会变得不同。2018 年，海峰老师是我膜拜的“大神”；2022 年，我站在了他的身边，成了他的学生。

人人都想得到贵人相助，但想遇到贵人，首先要成为能人。强大了、专业了，你才会离成功越来越近。有了目标，你才能掌控自己的人生，才能做到人生由我、幸福由心。

# 刘峰

DISC双证班F44期毕业生
智雅成长中心联合创始人
DISC+社群联合创始人
家庭教育指导师（高级）

扫码加好友

**刘峰 BESTdisc 行为特征分析报告**

**SCI 型**

**DISC+社群合集**

报告日期：2022年02月18日

测评用时：08分45秒（建议用时：8分钟）

**BESTdisc曲线**

自然状态下的刘峰

D I S C

100%
90%
50%
10%
0

工作场景中的刘峰

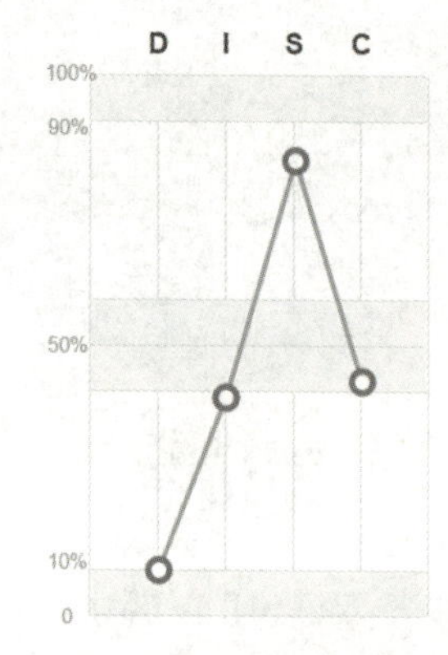


刘峰在压力下的行为变化

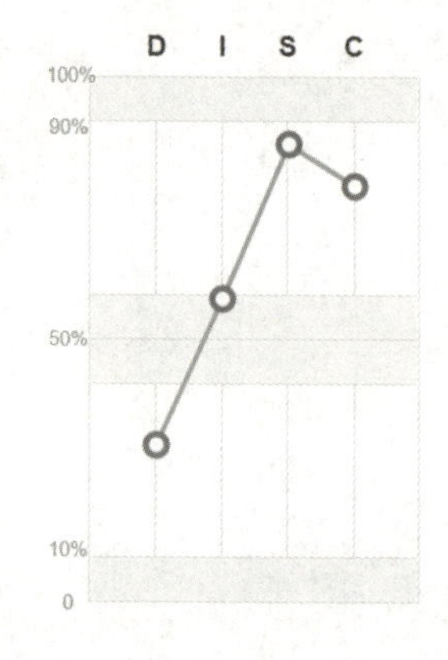


D-Dominance（掌控支配型） I-Influence（社交影响型） S-Steadiness（稳健支持型） C-Compliance（谨慎分析型）

S值较高，表明无论在工作还是生活中，刘峰都关注他人的需求和感受，愿意做一个倾听者和支持者。工作场景中，C值降低，表明刘峰在工作中宽以待人，值得信任。

## 平衡的人生才是值得追求的人生

我们的人生，是从低的那一头开始往高处走，每走一步，下一步就变得更加艰难。越往高处走，便越难找到平衡。终于有一天，我们发现，找到人生的平衡点时，我们也就抵达了人生的最高处。

每个人都拥有多重身份。能自由切换各种身份的人，工作、生活诸事顺遂；不得其法的人则在面对工作、生活时焦头烂额。以我为例，工作中我是导游、会展策划师、讲师，生活中我是儿子、丈夫、父亲，我曾对众多身份应接不暇，致使工作、生活一团乱麻。

DISC 理论帮我理清头绪，修复亲密关系，构建和谐的亲子关系，整合长久忽视的资源，实现个人价值，拥有了属于自己的平衡人生。

学习即修行，分享即行善。通过实际工作和研究，我总结出人最重要的三对关系：工作与生活、“学”与“习”、亲密与亲子。实现这三对关系的平衡就能达到平衡的人生状态。

### 工作和生活的平衡

平衡始于失衡。大多数人习惯性将天平倾斜到工作一边，原因很简单：

经济基层决定上层建筑。

职场中，我们背负各种项目指标、绩效考核，为求得认可、升职加薪，不知不觉工作时间没有上限，生活空间一再被压缩。生活中总是缺席父母、伴侣和孩子的重要时刻，再多诚恳的道歉也弥补不了错过的遗憾。

十多年前，我的职业是导游，基本没有休息的时间，往往是全国人民放假的时候我最忙。结婚成家当了父亲后，因为长期东奔西跑、全年无休，真的很难照顾好家庭，我主动申请转到内部管理岗位。我也是从那时起，开始寻找工作与生活的平衡。

我原以为朝九晚五的工作是解决问题的关键，只要做好时间管理就皆大欢喜，但实际情况并非如此，工作与生活仍然无法平衡。自身经历与专业知识让我明白，工作与生活的平衡是目标，更是一种需要长期保持的和谐状态，它要求我们维持自知，警觉自身状态，并及时做出调整。总之，平衡并非做完一次改变或者一个决定之后就能一劳永逸，它是一个循环，而不是一个终点。

掌握平衡之道的伙伴懂得在过程中停下脚步，反思当下的情绪、处境，寻找影响平衡的不利因素，最终解决问题。这个过程就是发现与修正，我们可以通过以下五个步骤来实现：

第一步，不要认为“我是专业人士，所以只有我能做好这份工作”，而是向自己提问：“真的只有我才能胜任吗？如果有人可以协助，那会是谁？”

第二步，将注意力集中在因压力产生的情绪上，感知自己的情绪，做出正确判断。当下的我到底是愤怒、悲伤，还是兴奋不已？可使用大卫・霍金斯的“能量层级图”进行情绪觉察，清晰地觉察我们当下的情绪。

第三步，重新划分事情的优先级，思考诸如“为了超时工作而牺牲家庭到底值不值？”等问题。事情的优先级涉及个人价值观，这要求我们不仅要权衡自己的价值观，还要权衡自己视为重要的人的价值观。

第四步，思考替代方案，即为了新的优先事项，可以改变工作里的哪些方面。

第五步，落实这些新发现，比如向领导表达自己在工作上需要更大灵活度，不希望每个项目都由自己接手。

以上五个步骤能够有效协调自身的工作与生活。

工作与生活的平衡并不是将一天时间平均分配给工作、家庭、休闲、人际等，而是要活好当下，即工作的时候专心工作，休息的时候专心休息，不要在工作时想休息，休息时又惦记工作。

没有绝对的完美，只能无限趋近完美，我们完全可以拥有挺好的一周，不错的一年，相对理想的一生。

## “学”和“习”的平衡

在 DISC+社群，很多伙伴和我一样，将自己定义为终身学习者，相互间常用“丧心病狂”来形容彼此的学习热情。活到老，学到老，终身学习是一种良好的习惯和不断提升自我的有效方法。

所谓学习，就是改变我们认知里的“先有概念”，从一个既有的解释网络过渡到另外一个更加合理的解释网络，整个过程就好比古典老师的畅销书名——《拆掉思维的墙》！

在 DISC 课堂里，很多人是从挫败感和危机感中迸发出学习动力的。对此海峰老师常说，当一个人想要改变了，他即便遇不到 DISC，也会参与其他课程的学习，同样会产生作用。因为真正重要的不是课程内容，而是内心对变化的渴望，这也是很多学员觉得 DISC 神奇的原因。

想学习，首先一定是有挫败感和危机感，就像我们看到一个东西想买，打开钱包发现钱不够，这就是挫败感、危机感。没有挫败感的学习，只会变成被动囤积信息和知识，收藏知识的快感无非缓解了知识焦虑而已，没有解决问题的学习，其结果只能是遗忘。

初入 DISC+社群的伙伴常会经历这样一个阶段，看到社群有什么课程或包班就想锁定名额。因为性价比超高，我也一度投身于多门版权认证课程，刚入社群的那几年，几乎每个周末都在学习各种课程的路上，直到一件事情改变了我。

2018 年母亲节前后，岳母因身体不适住院多日，我一直在北京参加 4D 领导力课程复训，太太一人在上海照顾孩子和老人，往来于单位、学校、医院、兴趣班，终于，太太在长时间多重压力下情绪爆发，在电话里斥责我不顾家庭，飞到北京学习。

面对太太的责难，我没有发表任何观点，而是利用这次学习中学到的 4D 沟通话术模型，编辑了一条长信息发送给太太。神奇的事情发生了，很快，我就接到了太太的电话，她的语气缓和了很多，我顺势表示歉意，完成了一次有效的沟通。

4D 沟通话术模型就是实现有效沟通的工具，这次经历让我真切地感受到学习生智慧，实践出真知。学习知识技能，然后用知识技能去解决问题，这样的学习才是真正的学习。

学习的重要性和必要性已经不言而喻，我们需要关注的是“学”与“习”的平衡。二者的失衡可能造成一味投资，却不见回报的结果，这样的学习也一定不能持久。

海峰老师有一个鞭策 DISC+社群的伙伴们的妙招，他用毕业后一个月内赚回学费来倒逼大家理论联系实际，大家会面对海峰老师的灵魂二连问：“你赚回学费了吗？你赚回了 n 倍学费吗？”输出的过程就是一种练习的过程。

海峰老师还有一个重要观点——“解决问题的最好方法，就是不让问题发生”。如果能够认真践行 DISC 理论，理论联系实际，将会避免工作、生活中的很多冲突。

# 亲密关系与亲子关系的平衡

有调查结果显示，超过70%的人认为亲子关系比亲密关系更重要。在大部分中国家庭中，亲子关系凌驾于夫妻的亲密关系之上，即亲子关系重于夫妻关系。

从客观科学的角度来分析，家庭中先有夫妻关系，后有亲子关系。一个和谐的家庭，夫妻关系是家庭核心，级别优先于亲子关系。北京四中前校长刘长铭也曾说过："在家庭中，千万不要把孩子放在第一位，凡是把孩子放在第一位的，等待这个家庭的多半是悲剧。"

实际上，很多夫妻自从有了孩子、成为父母后，就忘记了如何做夫妻。夫妻关系产生动摇，会严重危及整个家庭。试想一个孩子身处恶劣的家庭环境中，父母当着他的面吵架，甚至大打出手，他的心理和人格将会受到多么大的负面影响？

好的夫妻关系能够营造出温馨和睦的家庭氛围，孩子在这样的环境中成长，生理、心理、人格等各方面都能够健康发展，孩子也才有可能成人成才。良好的夫妻关系是孩子健康成长的根本，好夫妻才能成为好父母。

亲密关系和亲子关系动态平衡，才能保证生活不失衡。智慧的父母都应该懂得"团结一切可以团结的力量"的道理，来维护家庭的平衡。

人到中年，身兼多重身份。我们可以借助平衡轮工具，先把每个角色在我们当前生命阶段的重要性做个排序，然后再对每个角色的现状按1～10分打分。之后观察一下我们的角色饼图，问自己：最希望提升哪个角色的满意度，它为什么这么重要？假如实现了想要的平衡，我们的生活是什么样子的？

## 平衡 = 资源 - 欲望

平衡的高手懂得不需要每天都平衡，而是盯着自己的阶段性目标，像骑单车一样眼睛看着前方，保持动态平衡。

资源丰沛时，我们能轻松找到平衡；当资源紧张时，收获的和想要的不一致，我们的欲望就会凸显，容易出现失衡的人生状态。为平衡人性中的“贪”，我总结出以下公式：平衡 = 资源 - 欲望。

首先，我们来盘点一下资源。在我看来，有五大资源可以帮我们平衡工作和生活，它们就是能力、时间、人力、财富、身心健康。我想特别强调的是，真正的勇士从不孤军奋战，聪明的老婆会管理老公，聪明的员工会管理上司。选对你的人生合伙人，构建和维护好稳定、强大的支持系统，盘活身边的人力资源，才能更好地帮助你平衡工作和生活。

其次，让我们直面欲望。每个人都有欲望，它是一种很正常的情绪状态。如何做好选择？需要我们不断学习、提升认知。

我们要学会管理期待，尤其是在适当的时候学会拒绝，守住原则的边界。我们可以通过价值排序，找准重心，根据重要程度抓大方向，在角色维度上比较价值，区分轻重缓急，满足重要角色的需求；同时，在更长的时间周期中进行规划，分阶段实现所有合理的愿望，有效地管理欲望。

我们都期待能和生命中重要的人幸福一生一世，有人认为一生一世的谐音是 1314，我对此有全新的解读：所谓 13，指的是一家三口；14 就是 7 + 7，一个 7 代表了琴棋书画诗酒花，一个 7 代表了柴米油盐酱醋茶，两个 7 相加则代表融合，寓意实现美好生活的平衡。

杨绛在 100 岁的时候总结了一句经典的话：外面没有别人，只有自己。爱自己，接纳自己，与自己和谐相处，倾听自己内心的声音，安顿自己，你才有力量去照料和平衡其他。

愿读到此文的你，爱自己，认清自己，达成心中所愿，实现属于自己的平衡人生。

# 马美华

DISC双证班F67期毕业生
ICF-PCC认证专业教练
NVC非暴力沟通教练
SEL辅导师|父母教练

扫码加好友

**马美华 BESTdisc** 行为特征分析报告

CS 型

DISC+社群合集 

报告日期：2022年02月22日

测评用时：18分37秒（建议用时：8分钟）

BESTdisc曲线

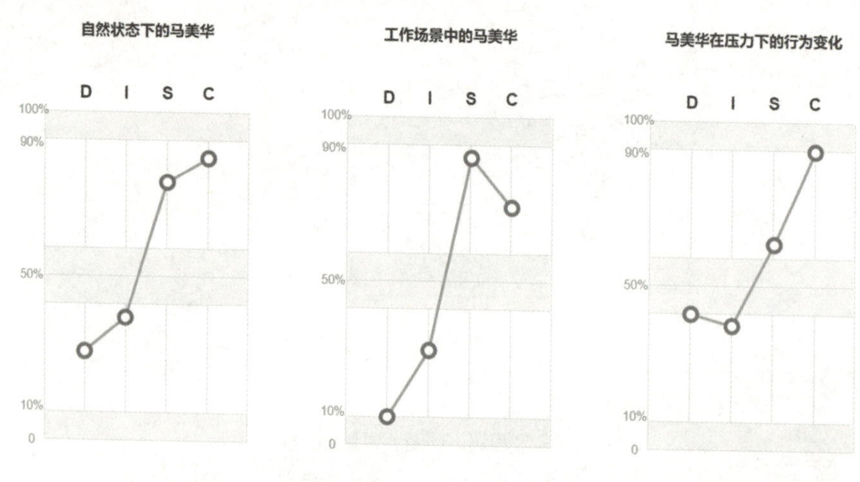


C值高，表明马美华注重条理秩序，善于进行研究和分析工作，对自己严格要求。自然状态和工作场景下，S值高，表明她在工作和生活中，能耐心倾听、同理他人，具有通过人际沟通与协作激活组织、激发他人的卓越能力。

## 放下骄傲与恐惧，在直觉中享受梦想人生

我是马美华，相较于世界500强前HR高阶经理人、ICF国际教练联盟·PCC认证专业教练、NVC非暴力沟通教练、SEL青少年情商教练这些身份，我更喜欢“15岁女孩和11岁男孩的妈妈”这个身份。为了我的孩子们，我辞去了外企高管的工作，走上公益教育道路，支持正处于职业迷茫、寻求家庭事业平衡的父母们，探索自己的独特使命。

### 稳定、安全、确定的直线上半生

我出生在山东农村一个普通的多子女家庭，父亲是军人，我是家中最大的孩子，从小特别懂事，早早学会了做各种家务。俗话说“穷人的孩子早当家”，我的父亲和母亲也很小就担负起了家庭的重担。

在这样的家庭环境中，我从小被灌输的信念是：一定要勤奋学习，好好读书，长大找个稳定的“铁饭碗”，踏踏实实工作一辈子。

从初中到大学，我一直是团支部书记，经常勤工俭学。在大学同学们法律专业尚未毕业，都在准备司法考试的时候，我已经签完了“三方协议”。我在一家公司一干就是12年。在这家公司期间，我经历了结婚和女儿、儿

子出生,我的先生也因为我“稳定”的价值观来到这家公司。

我从最基层的职员做到课长、主任、副经理、经理、总监、总经理,在专业上一直精进,从未停止学习,考取了中级人资管理师、中级企业培训师、高级人资管理师……业绩、职位、薪资一直稳步上升。

## 失控的中年

在我觉得我的一生已经不会再有任何变故的时候,生活给了我一记记响亮的耳光。我和先生两人忙于工作,长期出差,十年的婚姻因为各种因素几乎走到感情破裂的边缘;在我经历感情的重创时,我感情至深、一直帮我照顾孩子的母亲,又被查出来患了肺癌……一系列的变故,使长期高强度工作的我,受到了一连串的来自生活、家庭、工作的挑战,身心俱疲。

大宝从幼儿园到小学一直被奖励、被表扬,可二宝上了一年级后,我经常被老师投诉,原来二宝在学校里各种小问题不断,吃饭讲话、在走廊里跑跳、上课不认真听讲、背不出课文……这些小问题给了我巨大挑战。

我于是申请“停薪留职”一年,专心照顾孩子。当然我并没有放弃学习,而是将目标转向了“育儿”以及如何处理亲子关系、亲密关系等,那是我自我探索的萌芽时期。

当我系统学习完正面管教、SEL 儿童社会情商、非暴力沟通教练等一系列家庭教育心理教练课程后,我的家庭、工作和生活也逐渐回归正轨。我和先生的感情度过了危机;身患小细胞肺癌,曾被医生断言活不过半年的母亲,却保持了 5 年身体安康,可谓医学上的奇迹。现在想来,这奇迹除了积极应对治疗,还与家人陪伴、情绪调整和信念转变有很大关系。

就在我刚收到 ICF 国际教练联盟发来的通过 PCC 认证的邮件,还没来得及深度体验那份被认可的欣喜时,突然接到消息——母亲搬东西时不小心摔倒,病重住院。当我匆忙赶回老家,却接到医生传来的坏消息,母亲因尾椎碎裂无法动手术。卧床不起直接压迫到神经，加之肺癌细胞转移，仅仅过了3天，我最爱的母亲就离我而去。2022年元旦后第3日凌晨1:27，我握着母亲冰冷的手，整个人被悲痛情绪笼罩着。

母亲的离世让我体验到了一种深深的“空失感”，哪怕我参加了香港公益教练组织的“生命对话”工作坊，内心明白“人固有一死”，任何人都摆脱不了生老病死，但当亲身经历深爱的母亲离我而去时，我仍然措手不及，内心像缺失了一块。

除了接送孩子上学，其他各种教练、义工、助教和带领练习活动，我选择了全部暂停。原本雷打不动4:50的起床时间，也被我刻意推后一个小时。幸而这几年，我始终深耕家庭教育，一直传播非暴力沟通同理心教练并接受系统的ICF教练磨炼，这些宝贵的经历让我在风暴来临时，不至于一下子倒下，还能够安宁陪伴、支持家人。

我知道回避不谈或做其他事，都不会让我从痛苦中解脱出来，当我允许自己和家人悲痛痛哭，花时间感受痛苦，接纳这份体验，带着觉知去面对痛苦时，我也对这份体验有了新的觉察。

当我从一个完整的角度去看待所发生的一切，完成这份体验时，力量也开始在我和家人的心底慢慢升起。

回顾这个重大的时刻，我感恩ICF教练的磨砺，让我在风暴袭来时，能感受到生命在每个当下流动，而不是直接被击倒。我陪伴、支持所爱的人，联结他们本自具足的力量，学会走在充满不确定性的人生道路上……

## 踏上真我之旅，享受不确定的下半生

教育是最大的杠杆，当我在家庭教育教练领域持续深耕，越来越明确“我是谁”时，生活为我打开了一扇又一扇窗户。

担任督导教练。我连续两年参与了Paul博士教练实践，作为“最佳一年"的督导教练，带领、督导小伙伴们；在500多人的社交群分享父母教练知识；举办每周二、三、五读书会及周末工作坊……

组建PCC精进教练团。我开始晨间教练对话，晚间中心练习，写丰盛日记、冲突日记、觉察日记等。

落地教练实践运用。在结束为期小半年的"云对话"ACC四个模块教练体系助教之旅后，我又受邀参与了新一年的ACTP教练团。

父母教练团。继持续分享后，我成为"实践家"发现之旅领航教练和父母教练播种者。

时间管理教练团。我成为"易效能"时间管理教练团成员。

CPCP教练团。我受邀加入"亚细亚高智"Paul博士教练体系课程教练团。

……

"教是最好的学。"在充分实践、服务他人时，我自己对精通聆听、精通状态、精通觉察等有了更充分的体验，我对每个知识点都不放过，也更注重实践运用了。

在服务影响100位客户后，我陆续接到更多长期合作的订单。

经过大量实践再回到Paul博士和Michael大师课堂时，我感受到了教练一体，也更理解了教练事业的卓越意义和贡献，我感恩让我深深受益的一切体验。

回顾过去，我感觉一直束缚我的那些"绳子"，包括稳定观念、曾经所坚持的信念等等，在我毫无察觉时已然消失，现在的我是那么生机勃勃、灵动。我相信这是基于大量练习和对自我的了解、探索。我对大自然、人、生命有了更系统的理解，我愿意与自己独处，接纳自己的一切，尊重每一个生命。

现在就是未来，行动就是力量。我的导师Michael常说："Being before doing."

你是谁，决定了你将做什么；你决定做什么、你的意图、独处时你做了什么，决定了你是谁。终于不再那么执着稳定、安全、确定、是非对错的美华，未来想过什么样的生活呢？

感恩一路同行的教练伙伴们，尤其是Eric的省吾中心和Daniel的觉醒教练，与教练对话，发现深潜真我，让我对自我这台"人生之车"有了新的认识。未来，我将致力于帮助他人，去做有影响力的事情！

“没有希望就没有恐惧，没有恐惧也就没有希望。”我越来越能支持家人、客户，越来越能与自己的情绪和解。即使在有重大事件发生，心情很糟糕的时候，我也能及时觉察、关注自己的感受，接受自己做不到的那部分，并转换视角，发现自己的优势。

我的内在安定感更强了，教练的“种子”在我身上产生了神奇的力量。即使面对客户情绪崩溃，也能安静地倾听他的痛苦，愿意陪着他一起“在坑里趴一会儿”，我用自己内在的安定感，帮助客户与自己和解，影响每一位客户。我们不再害怕失败，不再惧怕变化或陷入深坑，我们承认自己暂时做不到，偶尔也会焦虑和痛苦，我们一起放下骄傲和恐惧，敢于尝试，勇于体验，主动迎接不确定的未来。

教练是一种最好的自我修行，在这场修行里，我不断看见未知的自己，用“空杯心态”探索未知的世界，活出最完整的自己！

我感恩一路上的“贵人”，从不同的导师、教练身上，我感受到来自内心深处的对生命的尊重。

我感恩信任我的客户，愿意投资自己，愿意为梦想投入注意力、时间、金钱和能量，进行目标管理、教练对话，跨越过去，迈向未来，活出“值得活”的人生。

我更感恩相扶相持的伙伴以及未来可能遇见的你。无论你在生活、育儿还是个人成长遇到什么样的挑战，我都愿意用教练工具，支持你找到自己的独特天赋使命，将自己的热情融入事业，活得卓越非凡。

让我们在不确定性中创造更多可能性，让教练成为你我的工作、生活方式！

# 张海蓉

DISC+授权讲师A6毕业生
DISC+社群联合创始人
DISC行为风格测评推荐顾问
财富海洋人生罗盘领航教练

扫码加好友

张海蓉 BESTdisc 行为特征分析报告

SC 型

DISC+社群合集

报告日期：2022年02月18日

测评用时：06分03秒（建议用时：8分钟）

BESTdisc曲线

自然状态下的张海蓉

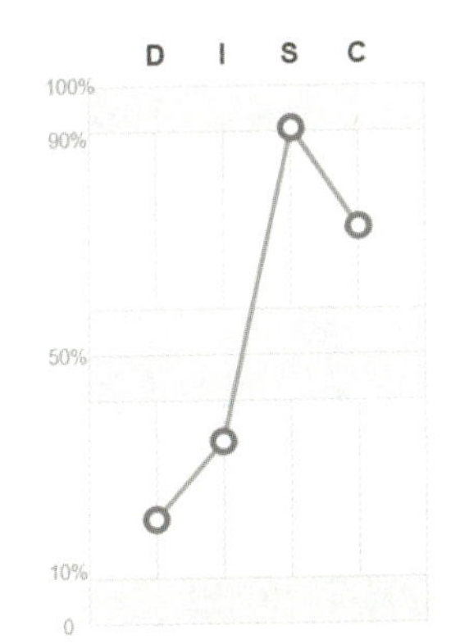


工作场景中的张海蓉

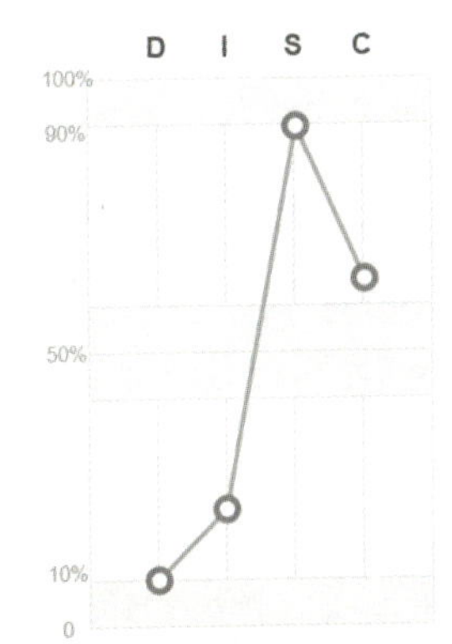


张海蓉在压力下的行为变化

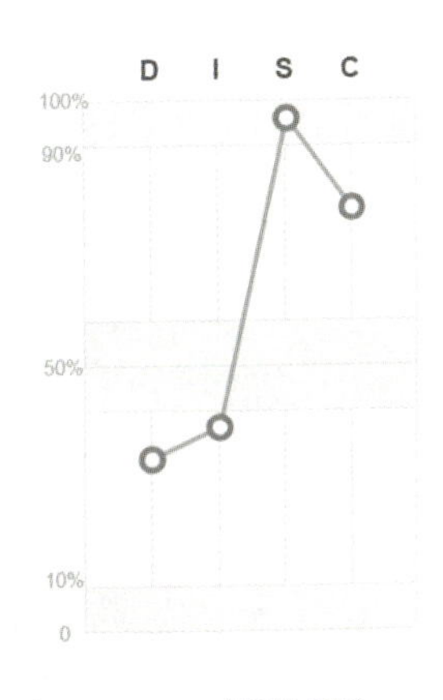


D-Dominance（掌控支配型） I-Influence（社交影响型） S-Steadiness（稳健支持型） C-Compliance（谨慎分析型）

S值、C值相对较高，表明张海蓉在工作和生活中，关注他人的感受和需要，关注细节和质量，希望把事情做到完美。不同场景下，D值、I值、S值、C值变化不大，表明大部分情况下，张海蓉的行为风格都比较一致。

## 重新出发

人的一生是由一次次的选择和出发组成的。小时候，我的梦想是做人类灵魂的工程师——老师，后来却选择了医疗行业，成为一名护士。做了八年手术室护士以后，我离开医院，在商海漂泊数年后，又重新回到医院。十几次转岗轮岗，每一次我都能从所处的工作环境中得到锻炼。

参加 DISC+社群，通过学习和自我修正，我的认知再一次得到大幅度提升，思维广度和深度得到延伸，我的生活和工作因此越来越顺利。

### 小时候的一次努力

我是一名“70 后”，出生在江苏盐城的一个小城镇。我在那里，度过了九年的童年生活，直到随着家人移居到上海。刚到上海的时候，父母很忙，无暇照顾家庭，妹妹被送到了寄宿制学校，而我必须自己照顾好自己。幼年的我，放学后不仅要洗衣做饭，还要把第二天上学的书本、作业、饭菜准备好，我从不懂家务为何物的人，一下子成为“家务全能选手”。

当时全国教材不统一，从外地来上海上学的孩子通常要留一级。到了上海的学校，老师就让我做几张考卷，想看看我的基础怎么样。我看着考卷，这也不会、那也不会，特别是数学，考卷里的内容我根本没学过，当然不及格了。

在江苏老家读书时是优秀三好学生的我，到上海上学必须留级，一听到留级，我忍不住号啕大哭起来。后来虽然没有留级，但是每一次数学课，老师总是把我拎出来，让我到最后一排站着听课。我没哭没闹，白天认真听课、学习，晚上做完作业，再把白天上课的笔记复习整理一遍。很快，我就理清了学习重点，也摸索出了适合自己的学习方法，渐渐跟上了大家的进度，不用再站到最后一排了。

后来，我的数学反而成了所有科目中学得最好的，一直到现在，我对数字都很敏感，可以灵活运用自学的财务知识教同事理财，收益好到令他们惊讶。

这一次努力让我知道了，只要自己不认输，目标就能达成，只要努力，就能看到结果。

## 工作上的一次努力

在初中毕业后选择考高中还是考中专的时候，家里出现了分歧。当时家境不富裕，我最终决定考中专，因为中专不需要学费，还有补贴。三年中专毕业，我成为一名护士，分配在市级医院手术室工作。八年后，我离开了医院，到了一家公司做行政。

新的行业带给我全新的感受，在短短三个月的时间内，我就得到集团领导的认可和提拔。新上任后，我带领团队多次出色完成各项指标任务。工作期间，我的工作作风非常大胆，常常是有什么讲什么，不懂就问，哪怕问题非常幼稚;稍作准备就敢给大家讲课,还得到了同事和领导的嘉许。这又一次证明,只要努力,就能做到。

在团队中,我也一直要求团队成员多学习,经常对他们说“个人成长最重要,个人魅力不能少,今后所有的成绩取决于现在读的书、看的世界和自身的心胸格局”。我当然也很清楚自己的短板是什么,自己适合做什么。这个时候,我深深感受到学历低是自己最大的障碍,仅凭着中专文凭,我很难找到喜欢的工作。

机缘巧合之下,我又回到了原来的医院。回到医院后,我暂时在医院的人事科和党办轮流工作,尽管只是暂时性的工作,但我依然全身心投入。党办的领导曾经称赞我说:“你怎么什么都会!”医院领导曾当众表扬我:“医院的简讯编辑得非常好,是最像报纸的简讯。”这些评价让我看到了自己的潜能。

其间,我又经历了几次转岗,到新成立的社会发展部报道的前一天,医院领导找我谈了一次话,他说:“你是一个干得好事情的人,到了新的岗位,大胆放手去干吧!”医院领导的话令我深受鼓舞。

我的人生并不复杂,我迈出的每一步都在验证,人生没有白走的路,前面走的每一步都在为后面铺路,只要踏踏实实,一定能得到肯定和机会。

当我明确目标和方向后,前路就变得宽敞明亮了,自己也不再惧怕任何挑战。非常幸运的是,接下来的日子,我一直在做自己喜欢的事情。我完成了工商管理专业大专和本科的学历学习,从最初医院简讯的编辑到后来做了好几年院报的新闻版编辑;33 岁时去了放射科,接触了新领域、了解了新知识,认识了很多新朋友;通过了主管护师中级职称全国统考以及对应的英语和计算机等级考试;入了党,成为一名真正的共产党员;2005 年,在保持共产党员先进性主题教育活动中,得到上级督查领导小组点名表扬。2020 年 4 月,我又一次来到新的部门、担任新的岗位。

在一家医院“跳了很多次槽”并没让我感到不安,我反而很开心。我喜欢每一个新岗位,因为每一个新岗位都能够开发新的思维,让我从不同的角度思考人生和医患关系。每一次经历和感悟也都值得珍惜和回味。

今年我还报名参加了公共营养师培训课程，为即将到来的退休生活做准备。我想把营养知识分享给需要的人，既丰富自己的知识面，发挥余热、老有所为，又为孩子们做出榜样。我坚信努力不会白费，积极进取是每个人、每个阶段应有的状态，与其他无关。

## 努力的2020年

2020年是我重新出发的起点，之前定下的所有目标已经基本完成，我有了闲暇时间，我想"勇敢前行，重新出发"。

我经过筛选找到了甄有才咨询顾问课程和DISC+社群的老师们。在上课时，我第一次听到"人际关系敏感度"这个词，这让我产生了极大的兴趣。甄有才DISC测评报告更是让我豁然开朗，我想继续探索下去。

为什么会对甄有才测评特别感兴趣呢？因为从我十几岁开始，就有很多女性朋友，甚至有一些年长我十几岁的女性朋友向我吐露心声，和我说知心话。我帮她们打开心结，我的话会打动她们、温暖她们，几句劝解就帮她们平复情绪，甚至缓解她们的家庭矛盾。

发现这个为我插上翅膀的工具，我欣喜若狂。在甄有才咨询顾问班的学习，彻底打开了我的学习大门，我沉浸在对解读报告的痴迷中。

2020年开始，我参加了多个密集式线上课程，包括智豪解读营、闪电魔鬼训练营、北野营解读、一天CEO思维训练营、NB班、BP班等。2020年5月20日，经过不懈努力，我终于通过了考核，取得"甄有才咨询推荐顾问"证书，圆满完成了甄有才DISC测评咨询顾问的学习。

在DISC+社群，我既为能够有幸认识如此多的优秀老师和同学感到高兴，又为自己跟不上节奏感到不安。我心里始终牢记着老师说的"每个人都是钻石”“最大的失败就是不参与”“想都是问题，做才是答案”“放下骄傲和恐惧”，这些话语鼓舞和激励我朝着学习目标“了解自己，理解他人；发展自己，影响他人”不断前进。

2021 年，我又参加了财富海洋人生罗盘领航教练、思维破局、共读营等多个线上线下培训以及第一届财富海洋节盛会。这些经历让我进一步认识到，只有积极地投入到学习中，才能提升自己的认知。一点点的努力就有了如此大的福报，老天真是太眷顾我了。

## 我要再出发

回顾自己的人生，我感谢遇见的贵人，也感谢那个始终不放弃的自己。现在的我甚至比年轻的时候更努力，也因为努力看到了身边有一群积极进取的人，他们用自己的行动演绎了越努力越幸运的人生。

与两年前相比，我的思维、能力都有了很大的突破，这充分证明了任何阶段都可以积极追求自己想要的，只要耕耘、只要努力，不枉时光、不枉自己，终会获得回报。经历得越多，能量就越大；阅历越丰富，人生就越精彩，这是时间给予我的奖赏。

现在，我常常把自己看到的、经历的、感悟的分享给需要的人，启发他们，帮助他们少走弯路。我要优雅地老去，让大家看见规划值得拥有的人生，努力活出自己想要的样子是多么令人神往。

最后，用财富海洋人生罗盘林伟贤老师常说的一句话与大家共勉：

Action is power！行动就是力量！

一起来吧，与我携手出发，共同见证美好，共同见证未来！

# 第六章

# 职场加速

# 职场加速篇

## "无领导"选出好领导

作者：任博

企业变革期，高要求、高限制、
高投入、时间少、工具少、
支持少的项目，最好的实操模式：
无领导小组研讨+结构化述职

## 用DISC带好房地产营销

作者：李华念

支配型　影响型

分析型　安定型

## 找准你的第一团队

作者：张德光

团队协作并非美德，
是一种战略选择
找准你的第一团队

## 躺赚就是这样被"骗"出来的！

作者：Sylvia方方

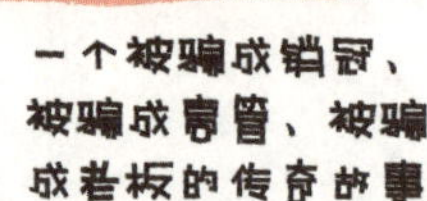

一个被骗成销冠、
被骗成高管、被骗
成老板的传奇故事

## 发掘你的领导力——一个HRD职场蜕变的故事

作者：吴菲　如何带好管理？
领导自我（思考为什么、找到怎么做）、
领导团队、领导企业

## 高绩效人才发展为企业赋能

作者：张苹

一个靠系统化学习和持续成长，实
现职场逆袭的企业管理及人才发展
顾问带你深度了解高绩效人才发展
为企业赋能之路

# 任博

DISC国际双证班社群联合创始人

DISC+社群翻转课堂堂主

培训师

团队协作咨询顾问

扫码加好友

**任博 BESTdisc 行为特征分析报告**　　　　**DISC+社群合集**

**SC 型**

报告日期：2022年02月18日

测评用时：14分33秒（建议用时：8分钟）

**BESTdisc曲线**

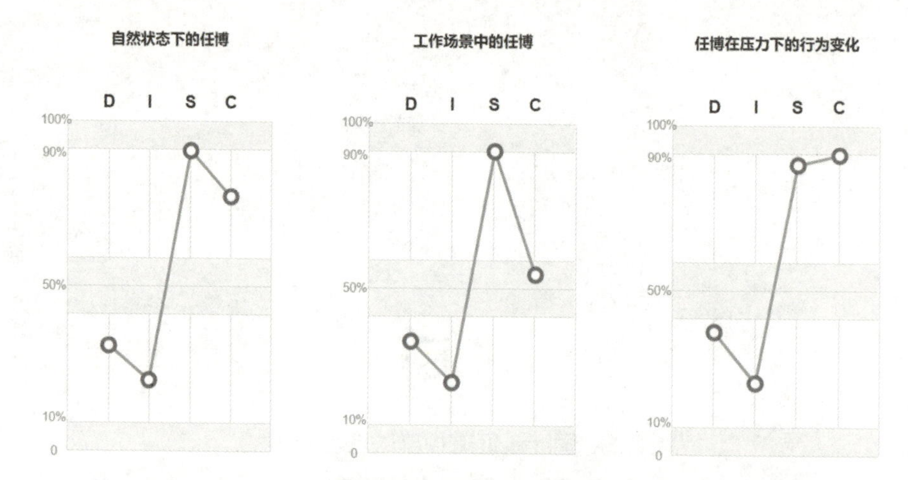


D-Dominance（掌控支配型） I-Influence（社交影响型） S-Steadiness（稳健支持型） C-Compliance（谨慎分析型）

S值相对较高，表明任博在工作和生活中注重他人的感受和需要。I值相对较低，表明任博更愿意做幕后的推动者，而不是聚光灯下的表演者。面对压力，C值偏高，表明任博在处理重要紧急的事情时，能够沉着冷静思考，做出严谨周密的计划。

## “无领导”选出好领导

今年，是我做企业培训师和顾问的第 19 年，是我成为 DISC 翻转课堂堂主的第 7 年。离开央企，服务了十几个行业和 100 多位客户后，我越来越了解企业培训师和管理者们的苦衷：

有投入、预算很多，效果不明显；绞尽脑汁翻新培训形式、内容，却总有人嫌不够贴近工作实际；围绕生产经营搞培训，却有人说格局不够大；围绕战略愿景搞培训，又有人说不接地气；既要尽可能保持中立客观，又不能脱离经营实际；既要局外做事，又必须躬身入局做人，总是两难……

我一直在思索，如何通过线上和线下相结合的方式提升学员的积极性和参与度，提升企业的培训转化率？如何将高潜力干部员工的选拔、培养、使用融入企业的整体发展？如何更广泛地在企业生产经营发展中发挥培训的作用？如何将高层需求快速落地？

这些都是我、企业家、团队管理者最关心的课题。

这不，伴随着 2022 年的到来，一个新挑战打得培训管理者和习惯打硬仗的我措手不及。

## 突如其来的挑战——三高三少怎么玩？

2021 年 12 月 23 日，大家伙儿都准备轻松过圣诞时，我突然接到一位来自大型国企的 DISC 毕业生的电话：“任博老师，我有个紧急任务，问了一圈，感觉只有咱们社群能帮我了……”

问题还真挺棘手。这家企业当前正处于业务发展的变革期，急需在企业内部快速而精准地选拔一批能适应快速波动的市场环境并快速转型，善于带领团队攻坚、提升经营业绩的销售型中层干部。但是，这么重要艰巨的任务，对方却提出了必须快——两天内完成对 150 位干部的全面综合评估；必须准——这批干部选上就要用在市场攻坚一线；必须独立完成——避免接触干部，这要求不访谈、不调研、不做任何一对一测评。

我一听，也有点犯难，这是一个典型的“三高三少”（即高要求、高限制、高投入，时间少、工具少、支持少）项目。

首先，甲方高度重视、限制多，要求在业务高峰期不影响业务运行，不能访谈、调研、建模、测评，好比要给高速行驶中的列车做检查，难度系数高。

其次，对乙方投入要求高，甲方除了提供必要保障，完全不介入项目。没有甲方的配合，意味着乙方团队必须投入大量人力、物力、精力，既要让参与者人人投入体验，保证人人都有公平表现的机会，又要快工出细活，控制每个参与者的评估时间，一天全面评估 150 人。

大家都知道我总是为他人着想，S 特质突出，急人所急、需人所需。当学妹找到我的时候，我的第一个反应却是——这个项目不能接，怕达不到效果，既辜负甲方，又有损团队声誉。

基于社群信任，客户一遍又一遍地来向我求助：“任老师，只有你们才能帮助我们了，这个项目势在必行，没法再往后拖了。”为了不辜负学妹真诚恳切的期望，我也给自己打气：“人家这么信任咱们，好像也真没其他办法了，要不拼一把试试？”

当我把这个想法分享给团队时，很快得到了大家的积极响应。

德光说：“咱们经验丰富、专业对口，服务过那么多大企业，也做过不少紧急项目，咱们的首席设计师张英总能把客户需求转化为可执行的方案，赢得客户交口称赞，这次也一定能行！”

小芳馆长说：“咱们比机构力量大，DISC＋社群6000多位毕业生，世界500强企业的师兄、师姐、顾问、教练、引导师，召集起来不难，一天时间，20个人到位！”

首席设计师张英也说：“对，还有光哥善于最小单元化设计，这种方式适合要求高的项目。咱们一定能放下恐惧和骄傲，提供超出客户预期的价值和服务。”

最终，大伙儿一致认为：这么多年硬仗打过来了，既然事儿来了，咱也不怕事儿，项目还真非我们莫属！

## 悬念迭起的评估——让好领导浮出水面

有道是“培训在台前，咨询在幕后”。团队紧急对接客户需求，通过分析过往众多成功操盘经验，制定了选拔方案。我们在海量工具中选定了“无领导小组讨论”和“结构化述职汇报”工具组合，再结合企业以往业绩数据链，打算以此方案完成甲方企业内部干部选拔。

方案定下不到24小时，我们就快速集合了15位顾问，并进行模拟演练。“减少现场干预、严控项目流程、客观公正记录、一把尺子量平”成为我们的共识。选拔实施前一天，所有顾问参加现场实战彩排到凌晨。

再精心准备的方案最终还是要接受现场检验。不出所料，现场挑战重重：

## 如何打破“一团和气”，从彬彬有礼到5分钟后的激烈辩论

有的考场，考生的表现差不多，因为平时都是抬头不见低头见，相互之间特别友好谦让，大家都面带微笑。甲方看着可就有些着急了：“1/5的入选比例，不打破和谐怎么能行？”但这个情况，在方案设计时，就已经考虑到了——严把时间关，每人必须先陈述5分钟！

但如果考生相互奉承，考场内“一团和气”，又怎么办呢？这就要靠专业人士来挖“坑”了！有的问题设定了不同角色，有的问题加入了企业职场中的真实场景，如：优胜劣汰、员工加班、管理中遇到下属挑战等等。真实场景代入的结果就是，10分钟讨论后，很多考生开始脑门冒汗、心跳加速。

## 如何避免迷失，守住初心不干预

新一轮考试，来了一批年轻人，他们朝气蓬勃、精神饱满，带着自信的笑容和对未来的憧憬，一进考场便欢声笑语不断。拿到考题后，他们就迅速展开热烈的讨论。

正当他们讨论得热火朝天的时候，甲方总经理从后门慢慢步入会场。我能够隐约感受到考生们在总经理步入会场时，他们眼神的瞬间变化，就像教室的灯管突然闪了一下。

基于“客户全程不干预”的约定，我们微笑示意后，继续注视全场，详细记录。在余光中，我注意到，或许为了避免影响考生，总经理不与考生目光接触，只是神色不动地一页一页翻过设计的考题，这种无声的关注，仍然给考生带来了压力。

讨论仍在继续，我和其他顾问却满头大汗：考生们观点鲜明，却对题目理解产生偏差，就像在森林里集体迷了路，跑得快却离目标越来越远。

我心里直打鼓：我们希望考生们讨论出价值，既让甲方总经理看到下属视角独特、经验丰富，也让他感受“无领导小组讨论”工具客观公正、全面综合评估的效果。考生集体迷失，是否会让甲方误解或质疑“无领导小组讨论”工具？

他们讨论得越积极，我心里越紧张，耳边似乎有个声音在说：“提醒他们，提醒他们，提醒他们哪怕是一个字、两个字。”我不由自主地在稿纸上漫无目的画起了圈，突然被一阵不知哪儿吹来的风惊醒，我想起了“顾问最重要的是保持自己的第三方的立场”。

DISC 始终强调，行为没有优点或缺点，只有特点。人才盘点，尤其是“无领导小组讨论”目的就是让考生展示真正的优势和不足，一旦干预，就丧失了客观公允。

让我敬佩的是，甲方总经理也遵守着我们的约定，或许他有自己的想法，但他始终没有进行任何干预。在我们沉浸于观察评估考生时，总经理不知什么时候已离开考场。

## 如何走出“晴转多云”的阴霾，客观中立就是赋能

考试中，我们会遇到考生们各种各样的反应和表现，对我们来说，比评估更重要的是为考生赋能，为甲方挖掘高潜质人才。

有这样一位考生，他最初进入考场时，很积极主动，但因为发言靠后，又提出了和大部分组员截然不同的观点，在时间紧、观点难统一的情况下，小组成员纷纷绕过这个“障碍”，探讨原有方向，再加上同组还有几位善于主导氛围的考生，他的观点很快被淹没。他企图找回发言权时，却被驳回：“我们还是抓紧时间吧，毕竟时间不多了嘛！”“对对对，这是考核啊。”他后半场几乎一言不发，只是在自己面前的纸上随意写写画画，一会儿望着天花板，一会儿看着地，进入游离状态。

作为顾问，遇到这种场景你会如何做？是否也替他惋惜？如何给予他团队领导力、影响力，促进他发言？我们记录下这一刻，留待下一个环节破题。

## 巧用“结构化述职汇报”，自我洞察是最好的礼物

事实上，我们设计之初就预见了这个问题，破题的关键就是“结构化述职汇报”工具。

“无领导小组讨论”短暂休息过后，我们开展了“结构化述职汇报”——让考生逐个面对考官，在3分钟的时间里，描述和反思自己过去一年的成功经验和失败教训、对这次新岗位的认知以及对未来的展望。

有的考生，在这个环节实现惊天逆转，在上一个环节表现平平，在这一个环节侃侃而谈，表现得心思缜密、逻辑严谨、表达流畅、情绪饱满，充分展现了真实能力。此时，作为顾问，我们要做的是“助燃”，引导考生积极破局、坚持自我。有的考生，表现出一副胜券在握的样子。此时，顾问要做的是“泼冷水”，询问其过往的遗憾、不足，引导考生去反思、去警醒。有的考生，准备充分，能把汇报材料倒背如流，但面对“可能面临什么挑战”这样简单的问题，反而答不上来。此时，顾问要做的是去探询，引导考生明确目标。

“结构化述职汇报”工具就像一面镜子，顾问通过引导，带领考生反思工作中的得失，看清未来规划，持续为企业赋能。

最终，经过 13 个小时奋战，15 个顾问完成了 150 人的全面综合测评，项目结果得到了甲方的高度认可和好评。项目的成功，让我们深刻了解到“无领导小组讨论”和“结构化述职汇报”工具的威力。

对于“三高三少”项目而言，这两个工具的重要意义表现为以下两个方面。

## 目标导向，能实操，有效果

“无领导小组讨论”最早源于军队对军官的筛选，让考生在研讨场地内没有任何限制地研讨，不规定具体发言顺序，整个讨论流程中不设主导者，一切都由考生自行安排，而顾问则在场地旁边客观中立、不干预地观察、评估。这个测评工具能激发考生的表达、倾听、提问、管理能力，以及影响力、情绪掌控力等。

如果担心内向考生无法及时、恰当地表达所思所感，怎么办？“结构化述职汇报”可以解决这个难题。在 3 分钟内，要求考生进行述职发言，汇报过往成果、自身优势和未来计划等，顾问再根据述职内容有针对性地提问，更加全面考查考生在逻辑表达、工作总结、计划制订、自我认知等方面的表现。

此外，还可以根据企业实际需求辅以其他工具。

## 赋能导向，超越竞聘考核

考生通过我们的测评，找到差距，自我赋能。有位考生在谈到自己的收获时，轻轻吐了口气，颇为感动地说：“我找到了我与同事之间的差距。在这几年，我在自己部门里，业绩还是不错的，领导赏识我，下属也信服我。但这次面对'无领导小组讨论',我真是大脑一片空白,甚至很难集中精力,而几位同事的职级并不比我高,工龄不比我长,在这么短的时间里他们思考出了有价值的东西,并且讲得头头是道,让我找到了差距,我还要继续努力。"

考生通过我们的测评,获得启发,解决了长期的困扰。有位考生说:"从来没想到,原来困扰了自己很久的问题的解决思路就在讨论的案例里。那一刻,我突然意识到手头项目的新方向,于是特别欣喜地把它记了下来。无论这一次竞聘的结果如何,仅凭这一点,就能帮助我开展下一年度的工作。"

考生通过我们的测评,链接同事,团队协同度大幅度提高。有位考生说:"很多同事虽然私下总在一起吃喝玩聊,但在这种有竞争关系的环境里,大家才能够看到彼此在工作中的优点和亮点,能够就工作场景中遇到的问题进行深度沟通,这真是一个意外的收获。"还有考生说:"早就知道一些同事的名字,这次和他们一道放下干扰面对面地交流讨论,感觉特别好,我们还约好了下次聚会的时间。"

## 使用"无领导小组讨论"时的小建议

使用"无领导小组讨论",要注意:

切记,多维度结合多工具。要结合考生日常的表现、以往的绩效,丰富评价的维度,以使测评结果更客观。

切记,要设定合理的权重。"无领导小组讨论"测评结果只是评估的一部分,到底岗位需要什么样的人才,还要结合客户的实际需求。

切记,要管理好参与者的预期,调整得失心。企业机会很多,请考生不要把这次"无领导小组讨论"看得太重,也不要走过场。

掌握"无领导小组讨论"和"结构化述职汇报"工具,就能够在类似项目中,在短时间内,在大规模群体中,快速精准筛选出合适的人才。

我是任博,我和沐厚团队一起"放下恐惧和骄傲,提供超出客户预期的服务和价值"。我们愿意为企业的人才发展,做更多的尝试。谢谢大家。

# 李华念

DISC+授权讲师A13毕业生

房地产营销专家

家华地产总经理

奥园集团前区域营销副总/万达集团项目营销副总

扫码加好友

**李华念 BESTdisc** 行为特征分析报告

ID 型

DISC+社群合集 

报告日期：2021年12月29日

测评用时：21分14秒（建议用时：8分钟）

**BESTdisc曲线**

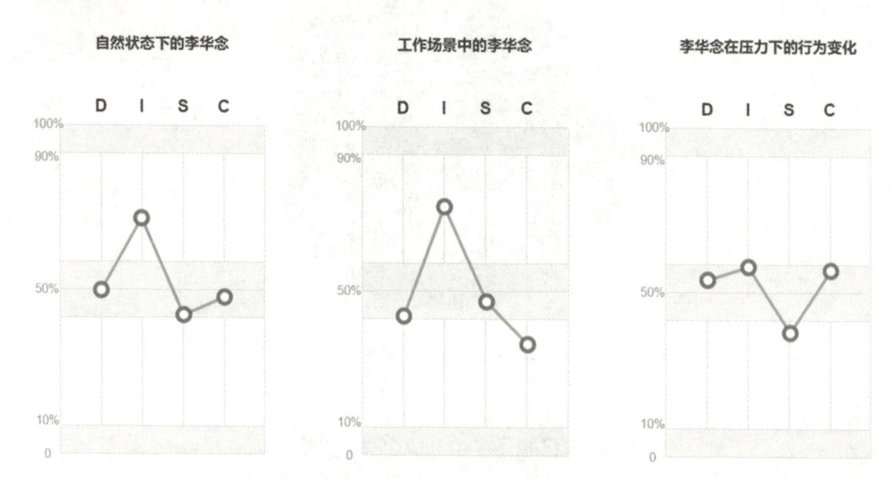


D-Dominance（掌控支配型） I-Influence（社交影响型） S-Steadiness（稳健支持型） C-Compliance（谨慎分析型）

自然状态和工作场景中I值较高，表明李华念乐观开朗、善于沟通，在生活中可以和朋友侃侃而谈，在工作中可以成为同事中的焦点。压力下I值降低、C值升高，表明李华念在处理重要紧急的事情时，更加务实并关注细节。

# 用DISC做好房地产营销

受政策、疫情等因素影响，大部分购房者持观望情绪，购房信心锐减。因为房产交易量下滑，回款困难，部分开发商的资金链面临危机。受资金压力的影响，部分房企不得不做出裁员的决定。

如此艰难的房地产市场环境，对房地产销售人员的综合素质、专业能力的要求越来越高。如何打造一支优秀的房地产销售铁军？我们需要根据团队成员的特质、经历、认知等，借助 DISC 理论，帮助团队成员扬长避短、形成合力，为自己和团队创造更大的价值。

## DISC 理论与销售

DISC 理论是美国心理学家威廉·莫尔顿·马斯顿博士在 1928 年提出的。我们可以借由 DISC 理论，了解个体心理特征、行为风格、沟通方式、激励因素、优势与局限、潜在能力等。

马斯顿博士认为情绪是运动意识的一个复杂个体，它由分别代表运动神经本性和运动神经刺激的两种精神粒子传出冲动组成。这两种精神粒子能量通过联合或对抗形成四个节点，这四个节点，是通过以下两个维度来划分的。维度一，关注事或关注人；维度二，直接（主动）或间接（被动）。

根据这两个维度可以把人大致分为 D、I、S、C 四种特质。

关注事、直接：D 特质。

关注人、直接：I 特质。

关注人、间接：S 特质。

关注事、间接：C 特质。

D、I、S、C 特质对应四种典型的销售风格。

## D 特质——结果导向型

代表人物：董明珠。

D 特质的人关注目标、以结果为导向、使命必达。他们意志力强，行动快，对工作信心十足。D 特质销售“马不扬鞭自奋蹄”。他们接待客户时，目的明确，工作效率高。

D 特质销售往往由于目的性太强，而忽略客户的感受，强行推进销售时，会让客户觉得有压迫感，有被迫选择的感觉。

D 特质销售的激励方法：

D 特质销售重视成交结果，有自己的一套销售模式，喜欢被肯定，有使命感，但偶尔也有些自大，所以要给他们一定权力，让他们在团队中得到重视和认可，如让他们掌控折扣、承担一定的管理工作等。完成目标后，要及时给予 D 特质销售肯定及相应的奖励。

## I 特质——注重关系型

代表人物：黄渤。

I 特质的人善于表达、善于营造良好的沟通氛围。I 特质销售，在销售前期很容易跟客户建立联系并快速打成一片。他们的语言感染力强，心态乐观向上，能给客户带来快乐，非常注重维护好与客户的关系。

I 特质销售往往缺乏洞察客户理性需求的能力，不太注重细节分析。他们跟客户聊得来，但成交率不高。

I 特质销售的激励方法：

I 特质销售喜欢接触人群，喜欢快乐的气氛，会主动拓建人脉，喜欢万众瞩目的感觉，希望得到重视，所以要公开表扬他们，给他们表现的机会，提醒他们把握成交机会，提升成交率。

## S 特质——温和服务型

代表人物：马化腾。

S 特质的人善于从对方的角度出发想问题，乐于设身处地为对方着想。S 特质销售，性格温和，非常在意他人的感受，在长期跟进与服务客户的过程中，会尽心尽力地为客户考虑，满足客户的要求。

S 特质销售过于注重他人的感受和情绪而影响销售进程，常常因为不敢逼单，错失成交机会。

S 特质销售的激励方法：

S 特质销售有耐心与毅力，做事慢，重视家庭，重视安全感，对团队的忠诚度高，喜欢按部就班地工作，所以要给予他们鼓励，多为他们提供指导，帮助他们摆脱心理障碍、提升业绩。

## C 特质——分析型

代表人物：比尔·盖茨。

C 特质的人考虑问题偏理性，思考时间长，注重细节，追求完美。C 特质销售专业性强，对产品的每个细节了如指掌，他们善于抓住关键问题深入引导客户。

C 特质销售，过于关注细节和风险，因而迟迟不能采取相应行动。他们缺少情绪感染力，往往付出多，回报少。

C 特质销售的激励方法：

C 特质销售被动谨慎，善于独处，重视数据、流程，有完美主义倾向，不喜欢被批评，所以要肯定他们的专业水平，提醒他们在细节问题上适可而止，鼓励他们主动出击，促进成交。

管理销售团队时，要根据每个团队成员的行为特质，采用恰当的沟通方式，帮助每个团队成员放大优势、避免短板，提升团队的战斗力和凝聚力。

## DISC 房地产销售这样做

客户的置业目的有多种，有的客户为自住置业，有的客户为投资置业，有的客户为子女结婚置业，有的客户为孩子读书置业。房地产销售，要充分了解客户的置业目的，针对不同的客户，使用不同的方式与其沟通。比如，一个别墅项目，面对准备退休养老的客户，作为房地产销售，应该怎样与其沟通？要为他们规划退休后的生活：远离城市的喧嚣，在温暖的阳光和青山绿水中呼吸新鲜的空气，享受安宁、健康的退休生活。但同样的项目，面对 40 岁事业成功的客户，又该如何与其沟通呢？

在你还没有了解清楚客户的真实意图之前，请尽可能地倾听客户的声音，客户讲得多，你才能获得有效的信息。

应该怎样为不同特质的客户服务呢？同样，用 DISC 来打动他。

## D 特质客户——支配型

D 特质客户直接、独断、自信、不容易接受别人的意见，当服务过程中某一细节出现问题时，他们通常会要求立即解决，有时甚至会显得咄咄逼人。

他们缺乏耐心，你在介绍项目沙盘、整体情况时，他们会不停打断你，问他所关心的问题，如价格、学区、户型、实用面积等。这时要快速回应，不能有丝毫含糊。在为这类客户服务时，以他们为主导更有利于他们做决定。

## I 特质客户——影响型

I 特质客户喜欢新鲜事物，乐于享受，希望被关注，服务过程中的一些小亮点(小卡片、小礼物等)会让他们觉得受重视。他们擅长交际，细致入微的服务更容易形成很好的转介绍效果。

他们个性直率、情绪起伏大，喜欢发表意见，如“你这户型是三房的，如果阳台再大些，飘窗再往外伸一点就更好了”。作为房地产销售，要立刻给予认可：“您对设计很有研究，我会将您的意见反馈给设计部。”认可、赞赏 I 特质客户，对促进成交非常有效。

## S 特质客户——安定型

S 特质客户不容易说不，即使有抱怨，也不容易表现出来，服务过程中一定要留心观察；他们不喜欢压力，所以要多给他们一些时间考虑。他们是很忠诚的客户，一旦决定不会轻易改变。

他们不善于表达，总是犹豫不决，在介绍项目时，要多与他们互动，耐心倾听他们的诉求，了解他们的感受，赢得信赖。

房地产销售：“陈先生，我听出来了，您是对自己以前居住的地方不大满意，才想买新房子，对吗？”

客户:“对啊！我以前住的地方靠近交通要道,车多,空气污染太重了。”

房地产销售:“您和家人长期生活在这种环境中,身体怎么吃得消?”

客户:“是啊！你真的不知道,家里的灰就像铺了一层沙似的。”

房地产销售:“那我真得提醒您,空气污染会引发多种疾病！您今天来到我们这个楼盘,算找对了地方,您看这里有……能给您自由清新的空气,……环境特别宁静幽雅,还有……尤其是9栋10楼02这套房……您看加上优惠,特别适合您,那现在帮您定下……”

客户:“那就定下吧!”

### C特质客户——分析型

C特质客户心思缜密、讲究条理、追求卓越,有主见,作风低调,即使购买了也不会过于张扬。

面对C特质客户时,要肯定与赞赏他们的谨慎,提供充足的数据事例,将细节解释到位。

C特质客户通常会在要做最终决定时犹豫不决,对于他们的犹豫,最好的办法就是摆数据、讲事例,打消他们的疑虑。

## 客户询价这样回答

对D特质客户快速、肯定地回答:“您看中的这套房现在刚好促销,最低80万元。”

对I特质客户说:“你真是有眼光,看中我们小区的楼王,户型设计和景观视野都是最好的,价格才 80 万元。”

对 S 特质客户说:“这套房子很适合你和家人居住,而且价格比较合理,才 80 万元,那现在帮您定下来吧?”

对 C 特质客户说:“外墙面用的是大品牌自洁型涂料,这种涂料环保耐脏,雨水一冲刷就干净了,成本也是很高的;大品牌窗户、中央空调,层差是按 50 元算,你选的是 10 楼,又是东南向,所以性价比很高,总价才 80 万元。”

对 D 特质的支配型客户,要多对其能力表示肯定,谈问题简明扼要,切中要害,不要重复或漫无边际。对 I 特质的影响型客户,多肯定他们,多给他们机会表达,让他们说,做一个合格的听众,并及时推荐合适的房源。对 S 特质的安定型客户,不要催得太急,要有耐心,取得他们的信赖,以为对方着想的方式提出见解和看法,给他们时间做决定。对 C 特质的分析型客户,要事先充分准备,不要模棱两可地回答问题,用精确的数据和事例回答他们的疑问。

做事一定要找方法,方法不对,努力白费。在房地产销售过程中,摸清客户的性格与喜好,以最合适的方式与方法去接待客户,才能有效达成订单。

# 张德光

DISC双证班F11期毕业生

团队效能顾问

扫码加好友

张德光 BESTdisc 行为特征分析报告

ICD 型

DISC+社群合集

报告日期：2022年02月18日

测评用时：07分07秒（建议用时：8分钟）

BESTdisc曲线

自然状态下的张德光

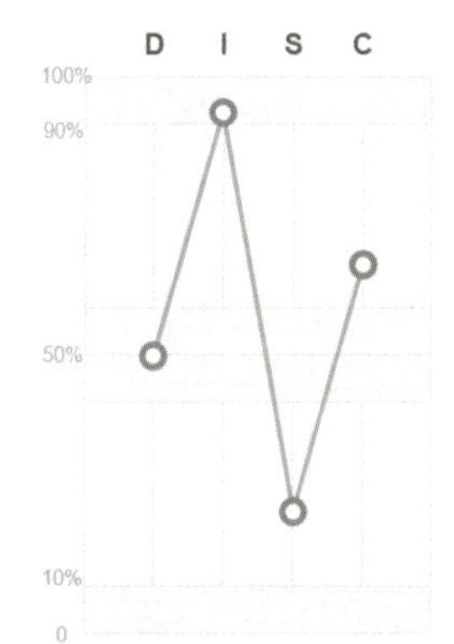


工作场景中的张德光

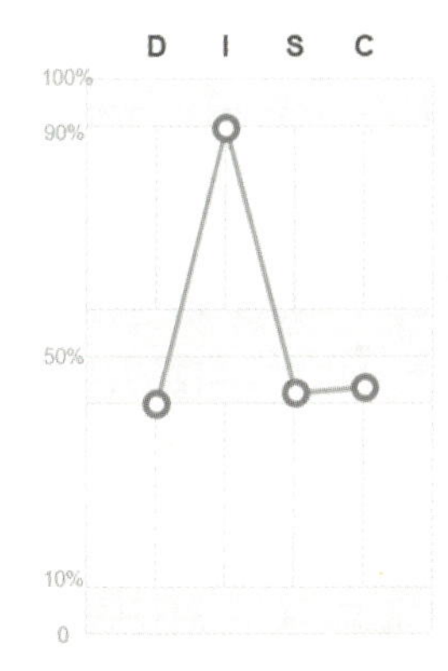


张德光在压力下的行为变化

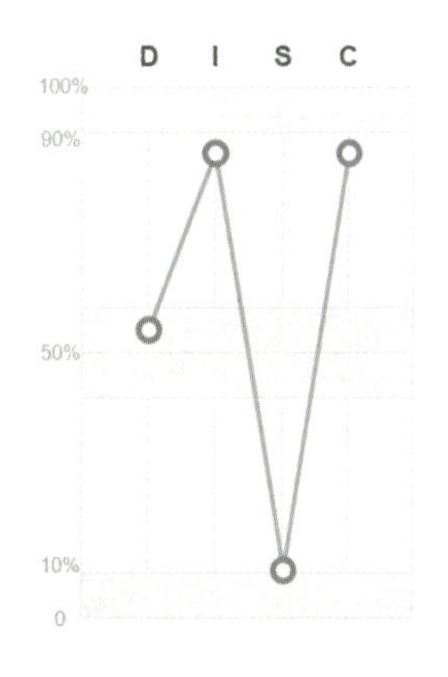


D-Dominance（掌控支配型） I-Influence（社交影响型） S-Steadiness（稳健支持型） C-Compliance（谨慎分析型）

I值相对较高，表明张德光在工作和生活中，乐于交往，善于和他人沟通，能有效积极地影响他人。在压力下，S值降低、C值升高，表明他在压力下更加灵活，更注重逻辑分析，对于自己的要求也更加严格。

## 找准你的“第一团队”

“公司非常认可你的专业能力，也非常感谢你过去9个多月的突出贡献；但作为公司CEO，我必须指出你的工作作风与公司的首要价值观——团队协作——严重不符。因此，我要求你必须快速做出改变。否则，公司将不得不请你离开。”这是2015年10月，我的老板——公司创始人、CEO安德斯先生与我对话的开场白。随后会议室里除了呼吸声，就是沉默。

### 要么改变，要么走人

BN公司，是一家欧洲领先的工业包装整合公司，总部位于瑞典。2015年1月，我以运营负责人的身份加入了BN中国。其后的每一天，我始终以职业经理人的标准严格要求自己：每天提前40分钟到达办公室，花30分钟做好日常计划，以求高效推进各项工作。为了让我和部门的业绩被CEO和总部认可，我花了不少时间做系统研究、数据分析与整合。经过9个月（2015年1月—9月）的努力，我带领团队用3个季度完成了年度各项KPI指标，并顺利解决了过去几年公司发展中的多个历史遗留难题：从战略供应商整合到大客户服务体系优化，从公司仓库搬迁到呆滞物料处理……也因此成了员工眼里的“难题终结者”。

作为一名职业经理人，我深信“事实胜于雄辩”，并一直秉承“让数字说话”的作风。当听到CEO说我在“团队协作”方面有问题，要求我“要么快速做出改变、要么离开”时，疑惑、震惊，继而是屈辱和愤怒，充满了我的每一个细胞。“这未免也太荒唐了吧！”我心想。

整理了一下思绪，我说：“安德斯先生，我是一名专业的职业经理人，公司也正是看中了我的专业背景和问题解决能力才招我进来的；自从加入了BN公司，我就始终聚焦问题解决与业绩KPI达成。而现在，结果和数字就在那里，不论谁来评估，事实就是事实，这些与‘价值观’‘团队协作’没有关系。任何一项成果、任何一个数字，都是运营团队齐心协力、努力奋斗的结果。离开了运营团队的共同努力和付出，我个人无论如何也不可能在9个月里取得如此优秀的业绩。”

我和往常一样真诚，虽然我极力控制，但也无法掩盖我的不解、屈辱和气愤。安德斯似乎对此早有准备，略显失望地摇了摇头，而后缓缓地说：“Eric，公司希望你重新认识团队合作。你作为中国管理团队的核心人员，不单要对运营团队负责，也要对中国公司管理团队负责；你的工作不单涉及公司内部，也包括对外的关系维护。团队协作是公司核心价值观之一，你需要反思和改变。为了帮你更好地做出改变，接下来的半年，公司会安排Lucy和Vincent作为你的团队管理导师，协助你改变。”

Lucy和Vincent是BN中国管理三人团队中的另外两人，公司员工更习惯称他们为“王炸组合”。在员工眼里，无论是管理能力还是专业能力，他们都非常一般，他们最大的贡献就是让大家不舒服。过去9个月与他们的工作交集，更加强化了我日益加固的判断——我自己干远比与他们讨论来得更有效，更容易出结果。

安排他们俩做我的“团队管理导师”？凭什么？员工们又会怎么看？

我没让安德斯继续说下去，打断他说：“安德斯先生，我是BN运营负责人，直接汇报对象是您本人。作为一名职业经理人，我要做的是凭自己的专业能力,尽最大的努力,带领我的团队最高效地为公司创造业绩。唯有如此,才能对得起我的职位、收入和待遇,才不辜负您和员工对我的信任和期待。”

安德斯想说些什么,可我没有停下来,继续说:“我没有什么可反思的,过去9个多月的工作结果、数字就在这里。除非您让我放慢节奏、降低对结果的追求,否则我不觉得我需要做出任何改变。”

我没说的是:“让‘王炸组合’做我的团队管理导师太滑稽了吧,就他俩那专业能力,让我带他们,我还不乐意呢!作为公司大老板,你不选专业过硬、业绩突出的管理者,反而选择相信并依赖那些麻烦制造者,让我非常失望。”

就这样,安德斯和我在对彼此的失望中结束了谈话,而我选择了离开BN公司,这个“糊涂CEO”管理的公司。

## 要业绩?还是团队?这是个问题

几天后,好多人都知道我离开了BN公司。他们不解和诧异:安德斯到底要的是什么,难道他不要业绩结果吗?别人越理解我,我就越难以理解安德斯。

离开BN一个多月后,DISC+社群“DISC与团队协作的五大障碍”开班了。在离职前,我一定不会参加类似课程。我一直认为:业绩是靠专业能力做出来的,论专业能力,我非常自信。那些课程除了贩卖概念,还能干什么呢?但这一次,我来了。

两天课程,带给我最大震撼的是对“第一团队”的讲解。

每位管理者,都身处组织的两个不同的团队之中。一个是他作为领导的团队，一个是他作为团队一员的领导团队。因此，这就意味着管理者有些时候必须做出选择。那么对于管理者而言，哪个团队才是第一团队呢？

3分钟的思考题，我用了不到3秒就做出了选择——和绝大多数人一致的选择，选择“作为领导的团队”。

在这个团队中，我是领导，是团队的第一负责人。工作中，我的业绩结果大都来自这个团队。此外，我和这个团队的成员在一起的时间更长，有些人是我招进来、培养起来的，大家的信任基础更牢固，我甚至还跟有些人成了朋友、哥们儿。

而在作为团队一员的领导团队中，要求大家合作才能达成组织目标，而那些目标，有的与“我的部门”没什么相关性。在工作中，每次到了关键时刻，管理者所直面的不是合作，而是竞争，例如资源分配、人员增减、奖金比例等，当然还少不了面对面的晋职竞争。

正当大家和我一样，迷惑为什么有人做出了不一样的选择时，任博老师给出了两天课程中给我触动最大的解释——团队协作是一种战略选择。

“团队协作并非美德，而是一种选择——一个战略上的选择。从组织的角度来看，团队目标只能是组织的整体目标，是最高维度的领导团队的共同目标，而不是哪一个职能部门的目标。为此，每一个职场管理者，在组织需要时，都需要做出正确的战略选择——把领导团队放在优先级上，因为那才是你的第一团队。格局决定结局，如果这个战略选择搞错了，纵使个人绩效再好也迟早会出问题。”

任博老师的声音虽然不大，但像千斤的重锤一样，狠狠地锤打着我。“而现实中呢，”任博老师说，“更多人习惯于按职能分工评估各个部门的业绩。例如，有一家公司，领导团队协作障碍重重，公司整体运营结果欠佳，成本过高、浪费严重、效率低下，公司利润率很低。可销售部门由于完成了销售指标，依然按照部门绩效标准拿到了高额提成和奖金。这样做除了强化销售部门的骄傲之外，结果只有一个：在下一年里，其他部门给予销售部门的配合一定会大打折扣，甚至选择不再配合。单打冠军被孤立不是没有原因的。”

在安德斯眼里，我不就是那个只顾自己的单打冠军吗？可是，又该如何做好两个团队的平衡呢？

篮球团队的案例，解答了这个疑问。

一场篮球比赛，上场 5 名队员，每名队员都有着明确的角色分工。而一旦上场后，他们的角色就模糊起来，甚至完全错位。进攻时，中锋要控球，前锋要传接球，控卫要抓住空当拉开投三分……防守时也一样，后卫要盖帽，前锋要抢断，中锋抢到后场篮板后要择机发起快攻……这么做，目的是赢下这场比赛。至于得分王、抢断王、盖帽王、篮板王等个人荣誉，和赛季总冠军这个团队首要目标相比，都是次要的。甚至在每场比赛中，为了球队能赢，哪怕是牺牲个人得分，也是理所应当的。

在安德斯眼里，他要的不是哪个管理者成为业绩冠军，而是中国管理团队的高效协作、整体胜利。而一旦有“球员”影响了整体目标，又意识不到、不愿意做出调整改变，哪怕他再厉害，CEO 也必须像篮球队主教练一样做出最正确的选择——放弃那个厉害的单打球员。

我懊恼、悔恨、醒悟。天呐，为什么我没能早点了解“第一团队”呢？为什么没有人提醒我篮球队的角色分工与球队总目标的关系呢？

## 再次起程，找准你的第一团队

行动起来，带着对“第一团队”的理解，我选择重新出发。一个月后，我加入了一家成立了 10 年的民营汽车滤清器制造公司 OST。作为运营副总，我分管 4 个车间、2 个仓库以及另外几个部门，团队 350 多人。从刚成立时不足 20 人，发展到现有员工 400 多人，这个年产值刚刚过 2 亿的公司内部，却筑起了高高的“部门墙”。

入职熟悉后，我知道有 3 座山头必须“拿下”。

技术副总 J 总:“湖南帮”领路人,研发经理、质量经理、生产经理,3 个车间主管及多个生产一线班组长及技术骨干,不是 J 总从东莞滤清器老牌制造基地带过来的,就是最近几年他陆续从老家带过来的。

Z 总:老板妹夫,公司创始人之一。他历经多次职位变动,从副总经理到行政总监、采购经理,尽管现在是公司最小的部门设备部的经理,大家还是更习惯叫他 Z 总。Z 总熟悉公司的大部分员工,他好像和所有人都熟,又好像和谁都不熟。

T 总:外贸销售总监,我的同龄人,老板连襟,公司的另一大元老。外贸部不大,仅有 10 人,却拿下了公司业务量的 80%。在大家眼里,T 总是公司最精明的人,不管销售指标多高,他都能云淡风轻地刚好达成。在跨部门合作时,除了用邮件代表客户提出需求之外,他很少参加各种会议,通常都安排助理代为参加。

我在观察,大家也在观察,但终归有一方要先做出行动。作为新人,我知道先行动是正确的选择。

老板办公室就在对面,透过窗户,我看到老板拧开了办公室的门。3 分钟后,我就带上写满记录的笔记本,叩响了老板办公室的门。这次交谈,我从运营职能部门人员、流程、卡点等角度进行分析,分析得到了老板的肯定和认可,他兴奋地说:“人均产出太低正是最让我头疼的事啊! 说说看,你接下来的计划是什么?”

我谦虚地表示:“我刚到公司两周,了解信息还不全面,但我有个初步想法,您帮忙把把关,看看怎么调整和优化。”在征得老板的肯定后,我接着说:“首先,目标性质来看,人均产出是公司级指标,需要公司从上到下、各个层级全员关注,并需要全员做出相应的行动。其次,推进关键在于相应的分解指标是否被员工理解、认同和接受,建议在进一步的数据分析和人员访谈之后,由总经办在合适的时间(比如一个月后)牵头行动;需要的话,我可以做相应配合。第三,关键中的关键是一个基础——公司管理团队的理解和全力支持。每一位管理者必须乐意把这个目标视为全年的首要目标,并愿意为之全力以赴。最好能先安排一次管理团队的团建活动,提升大家的凝聚力和斗志。而且,这个事宜早不宜迟,可以请总经办组织一次活动,例如举办一次《团队协作的五大障碍》的读书会。"紧接着,我把读书会设想、推进要点和预期目标等向老板做了详细汇报。

原本我担心老板会说读书会不够务实,没想到他对建议非常认可,尤其对"第一团队"的说法赞赏有加。他拍着桌子说:"'第一团队'就像一群人抬花轿。公司成立之初,每个抬轿子的人,步调一致向前跑,公司也因此得以快速发展。过去这几年,大家方向乱了、步点也乱了,看上去规模大了、尝试多了,但收益远不如预期,这就是'第一团队'出了问题啊。张总,太好了,下周一我们一起安排这件事情,我牵头,你来配合。"老板要牵头推进,我是有些始料未及的,但还有比这更好的安排吗?

9个月后,在公司年度员工大会上,老板站在台上笑容满面,他骄傲地宣布:公司2016年人均产出提升了37%,更难能可贵的是,员工满意度达到了史无前例的新高。我也因为这一年在"第一团队"凝聚力提升中的努力与奉献,获公司年度"卓越管理奖"。

## 新的使命，新的征程

团队协作并非美德,而是一种选择,一个战略选择。

对于每一位管理者而言,选择"第一团队"并不复杂,却又至关重要。无论公司规模大小、无论职位高低,组织的"管理团队"从来都不缺专业人士,但如果不能正确认识"第一团队",就无法做出正确的战略选择;无法做出正确决策,就无法取得个人难以企及的更大的组织成就。

如果我能早两年理解"第一团队"的概念,那该多好啊。我敢打赌,无论安德斯是否提出要求,我都会做出他所期望的反思和改变……

一想到职场中还有很多人和曾经的我一样,身陷过硬的专业能力和优秀个人业绩的桎梏,难以与其他管理者高效协作,我就忍不住想要帮助他们重新认识并理解"第一团队"的含义,帮助他们做出职场中最为重要的战略选择;忍不住想要帮助他们克服团队协作中的重重障碍,帮助他们从个人贡献者成为“第一团队”的卓越贡献者。

带着这份新的使命感召，在完成 OST 运营团队的工作交接后，我全心开启了团队管理咨询和培训之路，致力于兰西奥尼组织健康体系的传播和“第一团队”理念的推广。

在过去 5 年里，我先后培训和辅导了 20 多个领导团队，帮助 1000 余位组织管理者重新认识并找准了他们的“第一团队”，促进他们提升影响力和达成组织成就。

影响的人越多，我便愈发坚定。

希望我的故事能帮助你重新认识团队协作，帮助你找准并做出正确的战略选择——找准你的“第一团队”。

## Sylvia方方

DISC双证班F31期毕业生
斜杠跨界连续创业者
东芝前东南亚事业部负责人
抖音“方方说销售”博主

扫码加好友

Sylvia方方 BESTdisc 行为特征分析报告

DC 型

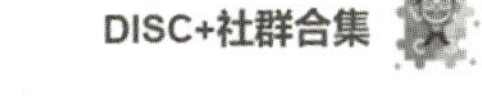


报告日期：2021年12月20日

测评用时：04分49秒（建议用时：8分钟）

BESTdisc曲线

自然状态下的Sylvia方方　　工作场景中的Sylvia方方　　Sylvia 方方在压力下的行为变化

D　I　S　C

100%　90%　50%　10%　0

D-Dominance（掌控支配型）　I-Influence（社交影响型）　S-Steadiness（稳健支持型）　C-Compliance（谨慎分析型）

D 值最高，表明 Sylvia 方方时刻关注利益和结果，并且有很强的自驱力，喜欢有挑战性的工作。自然状态和压力下，C 值也相对较高，说明她善于处理和分析数据，做事精益求精，在压力下，会通过更加严谨的分析达成结果。

## 躺赚就是这样被“骗”出来的

我是 Sylvia 方方，一条能说 7 种语言的过海龙。对，是海，不是江！我从马来西亚游过中国南海，来到中国这片土地。大学毕业后，我先后做过销售、全球 500 强高管，自己也做了很多生意，从舞台灯光音响、屋顶光伏安装、女性内衣加盟零售店到线上电商，玩转了很多行业，很幸运地实现了小时候的梦想——“躺赚”，也就是轻松简单地赚到钱。

我妈说，我懂事以来，老问大人们怎么才能轻松赚到钱的事情。为了赚钱，我没少被人骗，但我是一个被“骗富”的人。

### 第一次被骗，成为销售冠军

我人生中第一次被骗是被爸妈骗，为了让我好好读书，他们说好好读书，毕业后能赚很多钱。我信了！拼命学习，结果毕业后，出来找工作就出事了！原来“学霸”这个身份只是能让我多赚一点钱，如果要赚很多钱，可能要熬很多年。

接下来就是被第一个老板骗。他是马来西亚排名前五的富豪，他亲自面试我时，我想：“这么厉害的人，说的话一定得信。”他告诉我，女孩子做销售最容易赚钱！我信了，加入了他旗下一家卖投影仪的公司，当时全行业都没有女销售！

第一天上班，公司的男销售都说：“一个女娃娃做不来的，投影仪很重（当时最轻的也有 1 公斤多重），每次至少要带 3 台上门给客户演示，加上各种配件都快 10 公斤了，你怎么拿？你肯定熬不住的，赶快换工作吧！”如果只是语言上的打击也就罢了，关键是没人愿意做我的师父！我找老板求助，可他只给了一句话：“性别优势只是你的敲门砖，该做什么还得做什么，一样都不能少！”

当有人和你说赚钱很容易的时候，可能你遇到骗子了。赚钱容不容易，还得看你有没有头脑，有没有本事，天上不会掉馅饼。既然没人可依靠，那就自己动脑子、动手吧。当时，我的脑子里只有一个想法，就是先找客户。我每天白天去商业楼发名片、发传单，想办法搞定前台、保安、保洁。周六、周日，我也自发到公司在商场的展厅“站岗”，用尽各种方法去接触目标客户。因为我知道，有人才有成交的可能；没人，什么技巧策略都没用！

入职第三个月，我就成了这家公司的销售冠军。从此以后，公司里再没有人敢说女孩子不适合这个行业，销售冠军的位子被我“霸占”了一年多，后来我又“霸占”了公司最强销售经理的位子！

我的人生座右铭是：努力工作就是为了不工作！一辈子很短，我们总不能只是埋头赚钱，但不享受钱，不享受人生吧？当时我的业绩有了，可每天都被工作填满了。我就开始琢磨怎样提升效率，做大客户、做大单子，让想买投影仪的人都知道：买投影仪首选 Sylvia 方方，Sylvia 方方最专业！为此我研究了市场上所有的投影仪品牌，对各个品牌各个型号的投影仪的功能、优势、劣势了如指掌，活生生让自己变成了一部“行走的投影仪字典”。

恰巧一家全马来西亚最大的日资企业要采购大批投影仪，第一阶段就要 300 台投影仪，条件是：每个公司的代表只能带一台最符合他们需求的投影仪做演示。演示那天，客户找了马来西亚前五名的投影仪公司过来同时演示。说实话，说不慌是不可能的。关键时刻，我不怕输的劲头上来了：

“输人不输阵，硬上！把产品演示了再说。反正咱年轻有资本，输了不丢人！”最后剩下两位销售，客户要求两位销售说明竞品的弱点！这可难不倒“行走的投影仪字典”，我凭借专业能力，成功拿下了这个单子，在行业内一炮而红。

很多销售都问我：“销售最重要的能力是什么？”我的回答永远是：“专业！”专业是所有销售的立命之本，而销售只需要做一件事情：帮客户解决问题。

这个单子让我发现了客单价的重要性。服务一个买1台投影仪的客户和一个买300台投影仪的客户，花的时间和精力差不多。但是后者的客单价是前者的300倍，花同样的时间赢得300倍业绩，效率大大提升。效率提升意味着可支配时间增多，可支配时间又能用来赚更多的钱，那我也就有时间享受钱所带来的乐趣了！

接下来我花了大量时间去研究怎样提升成交率和客单价，我赚钱也越来越轻松。

## 第二次被骗，成为销售经理

在我春风得意的时候，老板对我说：“人啊，赚钱有两种方法——第一种是靠贩卖自己的时间去赚钱，第二种更高级，用别人的时间来帮自己赚钱。”用别人的时间来帮自己赚钱，自己不用做，那不就是“躺赚”吗？

于是，我变成带团队的小主管。一年后，我从小主管成为带几十个人的销售经理。不同于自己管自己，销售经理应该怎样管理团队，怎样把经验传授给团队成员……这一切又是一次重新学习的过程。

我只用了一个非常简单的公式，就把单兵销售的经验变成一套简单且可复制的方法，简单到很多人都不相信。销售额等于流量乘以成交转化率乘以平均客单价，听起来很简单吧？简单到所有做销售的、自己当老板的人都知道，但是很少有人把这个公式用好、用精。

一开始，我的团队成员听到这个公式很不以为意，他们更希望听到的是见客户就成交的销售技巧、话术。可是，世界上真的有即学即会的万能销售技巧、百发百中的销售话术吗？没有，真的没有。

透过公式，我们可以进一步分析，如何提升自己整体的销售效率，从而提升自己的销售业绩。同样的，作为一个团队的管理者，我带领一群人一起干成一个事情，不做团队的保姆，也不做团队中的英雄，而是让团队成员变成很多个我。第一次带团队，我就成了业绩最突出的销售经理，我的团队的业绩占了公司总销售额的55%左右。

当然，这里面有很多挑战，如果你觉得你遇到了前所未有的管理难题，欢迎来找我，我们一起来解决这个难题！

## 第三次被骗，成为老板

老板又来“忽悠”我说：“要想更赚钱，那就不只是会卖产品就可以了，得掌握流量的密码。”我于是去做市场营销，研究怎样引流，透过方法和策略大量获客。慢慢地，我用两年时间成为一个更值钱的人——既是销售冠军又懂市场营销。

28岁那年，我成为世界500强日资公司最年轻的事业部负责人，负责整个东南亚新能源事业部的工作。基于底层能力的积累，我负责跨专业、跨行业销售的大型项目，自然能赚到更多的钱！

你是不是觉得我太笨了，耳根子软，一骗一个准！的确是这样，此后，我被骗到来中国上班，然后我又被骗去创业了，开了多家公司。幸运的是，我的每一家公司都逐步进入自转模式，我也初步实现了“躺赚”梦想。

2015 年开始，我将自己多年的经验整理成一套适用于销售型公司的数字化管理方法，从营销，到销售，再到售后，目的就是通过数据精细化地管理团队、解放自己、解放老板。这套方法不一定能把公司做上市，但可以帮助老板不用管公司，也能稳定赚到钱！

从 2017 年到 2021 年，我做业务增长教练、业务增长咨询，运用这套方法帮助客户提高整体业务效率，反复验证了这套方法。

数据反馈，最差的公司一年的销售额也从 600 多万元提升到 800 万元，做得最好、配合度最高的公司的销售额轻轻松松从 1200 多万元提升到 3200 万元。

## 我的成功密码

这些年我到底凭什么“躺赚”呢？大概这样几点：

第一，目标很明确，就是想“躺赚”。李笑来老师有本书叫《财富自由之路》，第一章就说，你的未来是自己决定的，你得先想到，然后付诸行动，最后才有可能收获你想要的自己。我想“躺赚”，所以为之做出了很多行动。我敢行动、会行动，直到达成目标为止。行动力、执行力是根本！

第二，善忘，不纠结失败或者被骗！我不因为害怕被骗，就永远不信人！不信人看起来是保护了自己，但同时也可能拒绝很多机会。

第三，善于总结。我是理工科软件工程师出身，我喜欢也擅长把经验总结成公式、方法，因为这样才更好复制。

第四，很爱钱，也爱花钱。不爱钱的人没欲望，很难做好销售，做出业绩。钱也许不是万能的,但是有钱可以给你更多的选择,钱可以解决很多问题!不爱花钱的人,老害怕别人惦记自己兜里的钱。钱只是一种资源,不花出去的钱其实就是躺在银行里的数字。我们不但要花钱,还要把钱花在对的地方,让钱带来更多的钱。

如果你也和我一样喜欢赚钱、喜欢“躺赚”,如果你不怕被我骗,或者你也想试试被人越骗越有钱,觉得我能在赚钱这件事上给你一些帮助,那就立刻来做我的朋友吧!让我们一起在“躺赚”的路上前进吧!

# 吴菲

DISC+授权讲师A10毕业生

智能制造业HRD

DISC+社群联合创始人

财富海洋人生罗盘领航教练

扫码加好友

**吴菲** BESTdisc 行为特征分析报告

CS 型

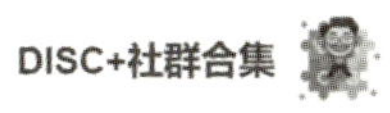


报告日期：2022年02月19日

测评用时：05分48秒（建议用时：8分钟）

**BESTdisc曲线**

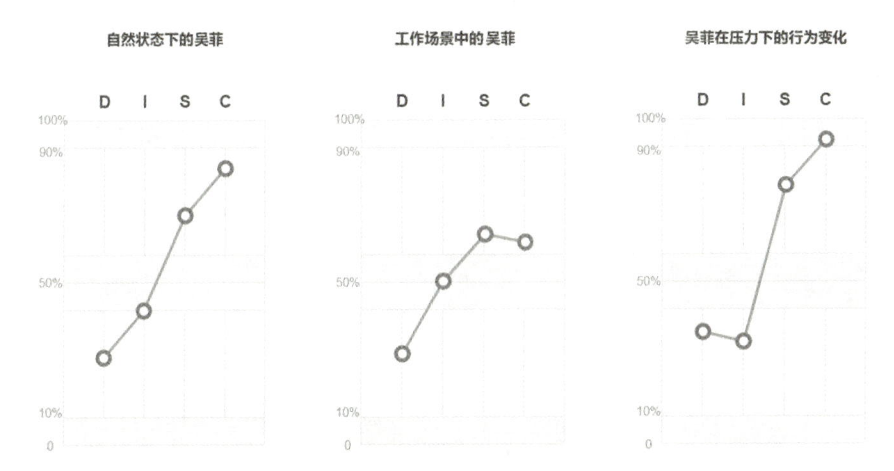


D-Dominance（掌控支配型） I-Influence（社交影响型） S-Steadiness（稳健支持型） C-Compliance（谨慎分析型）

C值较高，表明吴菲在工作和生活中善于思考、逻辑性强、规划有序。压力下C值、S值明显提升，表明在压力下她更加坚持原则，同时不忘兼顾他人的感受和需要。

## 发掘你的领导力——一个HRD职场蜕变的故事

我是吴菲，我在“英雄的城市”武汉，担任武汉富士康人力资源部总监。

十余年里，我始终深耕制造业，是人力资源管理顾问、管理者领导力开发教练和职场人优势探寻引路人。我发现，其实组织整并与改革的目的无非是解决“领导自我、领导团队、领导企业”三个问题。

### 如何做好管理，这是个问题

如何做好管理？这是个很难回答的问题。

有的人一心想成为企业管理者，终于熬到做管理者以后，却发现做企业管理者比做员工还累，收入也不见得比原来高，还要受很多委屈，甚至有时候还需要去取悦员工，成就感还没有原来那么强，经常陷入迷茫，不得不自问：“我真的需要做管理吗？”几年后，遇到职业晋升的瓶颈，面对组织整并、转型的困惑，又会问自己：“难道真的走到了尽头？”

这些问题，我几乎都经历过。幸运的是，我最后跨越重重障碍，并总结出了一套方法。

2007 年，我加入武汉富士康，从做招募干起，开启了 HR 之路。我勤奋，工作环境好，工作效率高，往往半天就能干完别人需要做三天的活儿，加上一股初生牛犊不怕虎的劲儿，成就感非常强。

2010 年，领导说我性格适合做 HRBP，于是我开始了漫长的轮岗历练。其间我服务过制造单位、研发单位、大客户管理平台，我做事靠谱，擅长处理人事疑难问题，获得了服务单位的一致认可。

直到 2018 年底，领导突然找我谈话，要我负责整个武汉园区 HR 部门 91 个人的团队。我第一反应是不可能，我根本还没有做好准备。当时孩子面临小升初，新工作要求每天上班往返 40 公里，这种高压工作我怎么能承受呢？我当即拒绝了。

后来，领导再次找到我："吴菲，你还记得自己的职业方向吗?"我当然记得，他说："很多事情不一定按照你的计划来。今天，公司需要你、提拔你，是对你有期待，需要你为公司做贡献，公司愿意在岗培养你，而你未来的发展也需要在这个岗位上历练。可能短期很痛苦，但是成长是很快的……"富士康是一家愿意培育人才的公司，有良好的企业文化。我爱这个公司，因为它让我有归属感，不断给我成长机会，我无比感恩。这个时候公司说需要我，愿意大胆培养我，职业方向也是与我的愿望吻合的，我一咬牙就答应了。

殊不知，成长的过程如此痛苦。在最初的半年时间里，不懂管理的我，状态就是三个字"忙、盲、茫"。每天从 7:30 开始早会，一天 60% 的时间忙于各种会议、协调、沟通，剩下 40% 的时间处理邮件和签文，为了工作我常常忙到夜深人静。下属不会做的事情，我冲在最前面，希望尽早博取大家的认可。尽管忙得团团转，我却始终找不到方向。

不到一个月的时间，部门内三个下属接连提出离职，整个团队气氛非常紧张。我还是习惯单打独斗，没有耐心去管理下属，更没有精力去维护周围部门的协同关系。偶尔遇到下属当众挑衅的、背后越级打小报告的，就会郁闷好几天……整个人非常憔悴，因为压力大、作息不规律，曾一度患上了压力肥，我不禁自我怀疑："还要做管理者吗?"好几次走到领导的办公室，想敲开门，对他说我不干了，但最后还是不甘心。

重重压力下，我逼着自己到处学习管理知识，重新定位生活和工作，在工作中不断摸索实践，改变自己。

## 领导自我

史蒂芬·柯维曾说过，如果你希望人生出现小变化，那就改变你的行为；但如果你希望取得巨大突破，那就改变你的思维模式。

### 思考“为什么”

我问自己为什么要做管理者？生活中心是什么？每次的回答都不同。

事实上，均衡发展的人生，应以原则为生活中心。原则，是我们公认的优秀品德，如诚实、责任、担当……它们经得起考验，能为我们的人生找到一个相对稳定的轴心。我们在人生道路上会遇到一个个挑战，它们就像阻碍我们前进的巨石，不太可能徒手移开，但如果用上杠杆，就会变得相对容易，杠杆就是我们的原则。杠杆越长越坚固，就越容易撬动巨石。

热爱 HR 职业的原则，成为我战胜一切困难的法宝，使我有了安全感和明确的人生方向。为了达成目标，我不断提升自我，采取行动，获得力量。

### 找到“怎么做”

我们的人生成长都需要经历从依赖到独立再到互赖的三个阶段。我们只有不断提升个人效能，才能适应各种新角色。

改变思维模式。主管代替下属冲在前面做事听上去很美好,也许对新员工柔性上岗有一定帮助,能够缓解新员工的压力,但从长远来看,这对员工成长没有任何好处。主管去做员工的事情,员工最后只能做基础的事,人才梯队永远建不好,团队也无法获得成长,员工也会因为没有成长空间而离职。保姆型管理者是培养不出人才、留不住人才的。

打破自我设限。只有打破自我设限,才能实现真正意义上的主动管理。只要老板没禁止做的,都可以去尝试,比如:就算你没权力决定公司的薪酬,不代表你没权力做薪酬调查,提出调整建议;就算老板没交代你做员工关怀,不代表你不用做人才盘点;就算老板没有让你做培训规划,不代表你就可以每天埋头处理杂事,而不去主动了解业务的变化;就算老板没有让你建设人才团队,不代表你不能未雨绸缪、布局人才梯队,以应对业务的扩张……这些行为的改变,让我在管理团队时,带动 HR 部门主动创新求变,与业务部门紧密配合,获取业务部门的支持。

通过学习 DISC 理论,我改变了自己过去处处逞能彰显管理权威的风格。我明白了每个人都有不同的行为特质,在项目合作中甘当配角,调用不同领导风格,用对方舒适的方式先处理好关系。遇到个别团队成员工作效率低下时,我不再急着发火,而是先了解状况,坦诚相待,如果是团队成员的态度问题,则树立对事不对人的规则,如果是团队成员的能力问题,则帮助他找工具、方法,为他提供资源。通过一个个项目,我的个人品格与能力逐步得到团队成员的认可,大家更信任我。

我还在内部推行"轮岗机制"和"双赢协议",帮助大家多历练、提升技能,为研发、制造、大客户部门输送多位 HR 骨干,我的部门与业务部门合作效率更高了,部门内部的离职率也明显下降。这也许就是知彼解己、双赢思维的功效吧,我感受到管理者的真正价值是带领团队成长,增加"给"的能力,成就他人等于成就自己。

做到"要事第一"。如何做到"要事第一"呢?我的方法是用 OKR 工具去管理团队目标,关键任务由各职能主管自行提报,辅以计分卡、每周会议、每月透明化考核与及时激励。不需要告诉他们该做什么,而是放权让他们做出重要决策，并为实现目标承担责任。我改变了过去事必躬亲的风格，通过发挥每个团队成员的积极能动性，和团队成员一起为共同目标奋斗。一年下来，在任务量翻倍的情况下，我们部门整体人力效能得到很大提升。

秉承以终为始。高处不胜寒的孤独，让我开始思考如何规划一个值得拥有的人生，以终为始寻找人生的意义。我让自己闲下来，把关注点从内部延伸到外界。假日里，我拉起行李箱和孩子一起去旅行，高质量的亲子陪伴有助于培养孩子独立、有主见的品质。在旅行中我们共同体验世界的广阔，我们更懂得珍惜彼此共处的美好时光，内心更加有力量。

## 领导团队

2020 年春天，新冠肺炎疫情打破了所有的平静，公司面临着供应链瘫痪、员工无法返岗、招聘不到人、客户订单延期等一系列问题。作为 HR，遵守防疫规定且做好复工复产准备是我们的第一要务。

秉承着以终为始的思维习惯，我们首先明确，疫情期间持续发放员工薪资，不中断劳动合同。招募主管顶着疫情风险与政府相关部门沟通安排车辆往返接驳员工返岗，一些 HR 小伙伴坚守园区，牢牢保卫着园区第一道人安主线。各部门远程办公，面对管理效率和沟通效率的双重挑战，大家在逆境中发挥了坚定的凝聚作用，我们相互照顾轮流夜战，商量政策、沟通资源等，没有一个人临阵退缩。HR 部门通过远程居家办公、线上考勤、高效会议、协同办公等数字化工具，实现了 3 分钟内园区人流轨迹精准定位，所有招募面试、健康返厂业务全部线上自助开展。最后我们获得了园区无一例重大防疫异常事件、复工第二个月就迅速恢复产能的好成绩，赢得客户好评。

2020 年，HR 部门借用数字化嵌入，改变工作模式，仅 HR 部门三张报表自动生成仪表盘这一个工具，就节省 HR 工时 3887 个小时。2020 年底，我带领团队参加了武汉人力资源行业高峰论坛，分享制造业 HR 数字化最佳实践案例，得到了业界好评。HR 团队独立判断能力和数字化实力增强，让大家对转型信心大增。

2021 年，武汉富士康被评选为 WEF 全球“灯塔工厂”。富士康成为全球电子科技制造服务领域唯一拥有 4 座 WEF“灯塔工厂”称号的企业，再次以绝对实力领跑行业。

## 领导企业

改变永无止境。2021 年公司数字化转型全面推进，HR 部门肩负组织健康、文化转型、能力提升、人效提高、有效激励的重任。我们在组织健康 OHI 问卷调查中发现，员工普遍反映对组织转型缺乏信任、公司内部跨团队协作不充分、内部会议多但沟通有效性不足。

我希望解决个人领导力、团队领导力的问题，更想解决企业领导力的问题。我慢慢总结出一套规律，越是积极主动的人，越能掌握人生方向，也能有效管理人生；不断磨炼自己的人，才懂得如何了解别人，寻求圆满的解决之道；一个人越独立，就越善于与别人相处。

我将管理案例融入企业领导力开发培训课程，该课程成为富士康武汉园区高层年度培训内容之一、每年应届本硕新员工入职必修课程。我主导公司培训项目以最佳实践案例启发新员工察觉原则的力量、发掘自身潜能、制订个人领导力成长计划为目标，让他们不再迷茫，提高人效。与公司愿景和价值观相匹配的统一培训、统一语言，为公司战略转型打响了第一枪。

回忆过去，开会时一言堂、和下属争得面红耳赤、不会因材施教……这些曾走过的管理弯路，让我真正懂得，一个人成长得最快的时候就是你最痛苦的时候，只有痛苦过才知道自己需要学习和提升。从没有方法、成果，被质疑、否定，再到后来带领团队获得很多荣誉，被团队成员肯定、追随，我懂得无数次跌倒再爬起来的艰难，但我也知道，如果找到方法，而且愿意改变，那么就会获得改变。

管理能力不是天生的，而是可以靠后天培养的，所有管理能力都是在不断学习和实践中沉淀下来的，管理中遇到各种问题都是必然的。如果你从员工变成管理人员还一帆风顺，只能说明两点：第一，你根本没有做管理的事情；第二，你没有用心做。

当你用心去做管理却遇到挫折时，请告诉自己，成长的时候到了，抓住机会才能迎来蜕变。作为管理者还应该知彼解己，善用自己和他人的行为特质去管理和经营好职场，用优秀的人培养更优秀的人。

在数字化转型的必由之路上，如果你想了解更多组织健康诊断与新组织价值探索的内容；想探讨 HR 数字化转型实践；想做让员工感到安全的人，把员工拉进信任的圈子、成功地让下属追随，欢迎与我交流！

# 张英

DISC双证班F84期毕业生

人才发展专家

咨询顾问

培训讲师

扫码加好友

**张英 BESTdisc** 行为特征分析报告

D 型

DISC+社群合集

报告日期：2022年02月21日

测评用时：06分28秒（建议用时：8分钟）

**BESTdisc曲线**

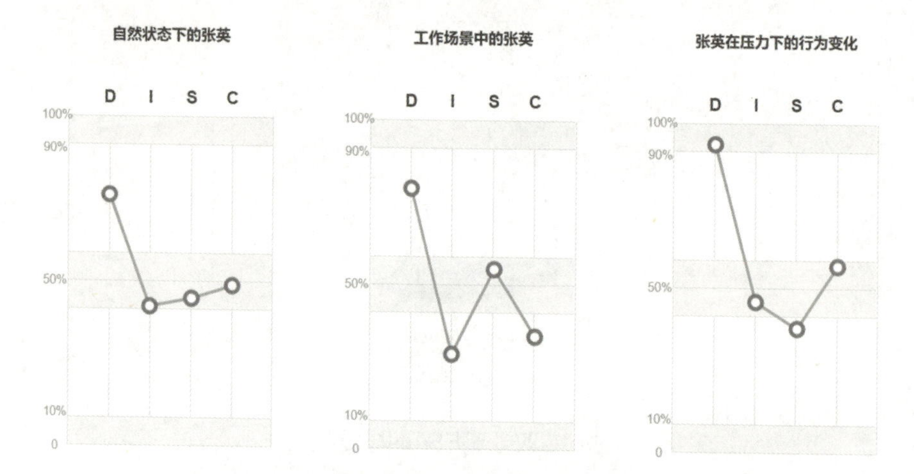


D-Dominance（掌控支配型） I-Influence（社交影响型） S-Steadiness（稳健支持型） C-Compliance（谨慎分析型）

D 值明显高于其他值，表明张英在工作和生活中，不怕困难，勇于挑战，善于同时处理多项事务。工作中 S 值提升，表明她在工作中关注他人的感受和需要。压力下 C 值提升，表明她在面对压力时善于通过有效的计划达成结果。

## 高绩效人才发展为企业赋能

一个靠着系统化学习和持续成长，实现职场逆袭的企业管理/人才发展咨询顾问到底有多大能量？她曾经主持过世界500强企业培训体系搭建工程、拟上市公司人才梯队建设工程；她从0到1搭建了企业商学院和线上学习平台，上线首月登录率达到90%，三个月学习率达到70%；她曾经年培训时间超过180天，主持过千人/场次的培训；她跳出格力4年时间，不仅成了一名专业课程授权讲师，还加入江苏最具影响力的企业管理咨询公司，成为一名专业的管理咨询顾问，开启了职业生涯的第二曲线。

她逆袭的底气，无非是在人才发展领域积累的专业知识和经验，非是一次次为企业和培训师解决人才发展难题，持续帮助企业选好人、用好人。

## 新形势下人才发展的困境

2021年，互联网行业的冬天来得更早一些。

对于从事培训与人才发展的人来说，最震惊与意外的莫过于字节跳动内部两大与HR相关的组织变革：先是专业能力培养板块被剥离到大力教育，然后裁撤人才发展部。

人才发展部一般主要负责所在业务单元的员工职业发展，包括发展通道建设，职级体系、能力标准持续迭代，专业能力培养等。字节跳动裁撤人才发展部，也给其他 HR 留下了一个思考题：裁撤人才发展中心、培训中心，是企业偶然的变革，还是未来组织发展的必然趋势？

这种变革从职业教育的角度去看并不奇怪。字节跳动人才发展部暴露出的问题，在很多公司都存在。如果人才发展部门并不精通业务，也缺乏顶级技术，就无法开展高质量的专业培训。对于培训中心而言，最尴尬的是玩着"过家家"游戏，没有任何实际产出，却占用业务层及管理层的时间。

相比之下，社会上的职业教育机构不仅有良好的师资，而且在商业利益的驱动下，打磨出了一流的业务知识产品体系。例如，在互联网公司，比较抢手的编程、产品 & 运营等岗位的技能培训，已经被专业的职业教育公司承包。这些机构不仅有较好的课程设计与开发能力，更有出身知名互联网公司的名师站台，不论是专业能力还是培训技术，都明显优于企业内训师。

专业职业教育机构能以更合理的价格提供岗位专业能力培训，企业内部的培训中心还有存在的价值吗？把对专业人才的培训交给专业机构来执行，或许是一个正确的方向。

从未来几年的发展趋势来看，各大互联网公司或将不再大面积招聘企业内训师。

在传统制造行业，类似的情况也已悄然发生：始建于 1999 年 12 月 26 日，占地 1.2 万平方米的海尔大学于 2020 年更名，成了人单合一的运营中心，海尔大学的负责人也已就职于某头部互联网公司。

或许，2020 年海尔大学解散，2021 年字节跳动裁撤人才发展中心，这两件事情将构成中国培训发展历史进程的重要转折点。让我们重新思考，培训的真正价值是什么？

## 先定位再定责，持续创造价值

培训工作本身不直接支持战略与业务，而培训师试图向公司证明：自己能够用培训承接战略与绩效。但非常遗憾的是，很少有培训项目能做到这一点。

当我们非常顺利地开展了"经验萃取工作坊"后，看到填满表单的经验与成果，很有成就感的时候，不妨在一个月后看看，这些所谓的成果是否成为废弃的文件，被丢在角落里；当我们很自信地做了领导力发展项目后，半年后再去看管理者，或许你会发现他们依然带不好团队；当我们欣喜地看到学员课后考分多为9.8分（满分10分）的时候，不妨在培训结束两周后，组织一场闭卷考试，或许分数会低得让你感到意外。

我们培养了一批内训师，开发了一堆内部精品课程，我们有没有想过，内训师讲授的这些课程，有多少被应用呢？很多优秀的职业讲师传授的知识及一流的品牌课程都很难被应用，何况是半路出家的内训师讲授的课程。内训师培养项目的真正价值又体现在哪里呢？是讲师数量，还是授课的数量呢？奇怪的是，业内很少有人去思考这些问题。

培训能够直接创造的价值，只是帮助学员提升学习效率、在单位时间内获得最多的知识及应用知识的能力。

这个世界上，最有价值的事情之一就是帮助他人节省时间。节省时间就等于延伸了生命的宽度或长度，所以，我坚定地认为：提升组织的学习效率，才是企业衡量培训与人才发展有效性的最重要的指标。培训的价值是：帮助学员提高解决问题的知识总量及运用知识的能力，同时减少学员在学习方面的时间投入。如果人才发展中心真正做到使组织学习效率整体提升，其对于企业业务与战略的支持作用不证自明。

培训师必须明白自身的价值所在，踏踏实实成为学习效率的专家，才有机会成为企业业务的好帮手。

所以，培训岗的负责人必须与公司的管理层就培训本身能够创造的直接价值是什么、培训对组织长期的影响是什么达成一致。

到目前，全球已有超过3000万人做过DISC人格特质分析，并一致惊讶其精确的程度。许多跨国大型企业，如IBM、戴尔计算机、中国电信、百胜集团、Mobil石油、台积电、3M等都采用DISC作为人力资源分析及管控的重要参考。

DISC帮助我们准确直观地了解自己，提升领导力，发挥个人潜质和特长，适时地调整工作状态，了解下属的性格和激励因子等。

在人员招募方面，运用DISC可迅速了解应聘者的性格作风，将其与事先设定的理想性格比较，以加快预审的过程，节省不必要的人事开支。面谈时，DISC可协助了解应聘者的激励因素，舒缓面谈压力，使沟通更为顺畅。

在文化整合方面，人事部门运用DISC可以协助新进员工快速融入新组织。

在绩效优化方面，DISC可帮助公司全盘了解员工的激励因子。

在压力管理方面，DISC可以呈现员工的压力值及压力来源，避免压力影响员工的表现。

在岗位轮调方面，使用DISC的个性评估功能，能轻松将员工安排至适当的位置。比如个人性调职，当企业内出现任新的职位或角色，只要比对各人选工作档案的DISC变量，即可迅速筛选出最适合的员工。企业可根据实际需求，设计出不同工作职务的DISC常模。

在团队建立方面，团队有效且顺畅的合作取决于人际互动状况。DISC可预估可能产生的问题，并提供解决的方案，防患于未然。

在处理特定问题方面，DISC可处理角色冲突、个性与职务不合导致的工作表现不佳等问题；还可以解决同事或团队成员之间发生的非职务性摩擦问题。

在职业规划方面，DISC可帮助员工规划较适合的职业。

今天，数字化与智能化高度发达，借助系统化工具，全面打造企业内部人才发展通路，已经成为趋势。在这个历史的节点，培训师要认真考虑如何为组织创造真正的价值，要懂得将时间与精力聚焦在自己专业领域的事情上。

## 聚焦经营，引领实效的人才发展这样做

在数字化时代，越来越多的企业意识到，技术将成为公司发展最重要的驱动力之一，培训管理者与 HR 必须认识到对技术型人才的培养，是企业未来学习体系的重要构成部分。构建技术岗位的学习体系并非易事，多数公司面临“三无”挑战：无资源、无体系、无文化。

兼职的讲师团队及零星的知识/经验萃取项目，无法建立完整的技术岗知识体系与学习体系，更不能为技术型人才的成长提供系统解决方案。为此，我们设计了组织经验萃取及定制化人才培养项目，帮助客户的专业团队人员快速提升其岗位所需的技能，初步构建起一套专业团队人员的培养体系。该项目具体包括以下几个方面的内容：

通过前期访谈，利用 DISC 系统工具快速构建一套专业团队人员的岗位能力素质模型。

萃取组织经验，设计一套面向专业岗位的工作宝典或应对话术。

活用 DISC 测评系统，盘点人才现状，快速识别团队人员的能力短板，采用定制化人才培养方式，通过强化课前导读预习、课后实践演练、经验分享、学习效果评价、学习成果复盘等机制设计，提升转化与应用效果。

梳理并固化一套人才培养与发展的路径和方案。

我们也为企业业务部门的学习发展提供数字化平台支持：由技术领导者主导业务部门内部培训数据管理；将日常的小课培训、辅导过程、业务问题及解决问题的方法上传到数字平台；形成部门级的知识管理中心、问题答疑中心与技术路径图，并对技术类培训发展提供精准的学习数据分析；为学习发展中心提供平台与数据分析支持；收集学习发展中心的学习数据，对学员的学习数据、培训师的授课数据进行综合分析，并为优化学习体验提供

建议。

与组织数字化转型的潮流、趋势共舞，建立数字化学习平台，推行知识管理模式，是有远见的企业共同的选择。唯有如此，人才才能与企业共同发展、成长，为企业快速发展创造价值。